超バカの壁

傻瓜的壁垒

〔日〕养老孟司 / 著　师亚文 / 译

北京联合出版公司
Beijing United Publishing Co.,Ltd.

图书在版编目（CIP）数据

傻瓜的壁垒 / (日) 养老孟司著；师亚文译. 一 北京：北京联合出版公司, 2015.1

ISBN 978-7-5502-3786-5

Ⅰ. ①傻… Ⅱ. ①养… ②师… Ⅲ. ①人生哲学－通俗读物 Ⅳ. ①B821-49

中国版本图书馆CIP数据核字(2014)第239826号

傻瓜的壁垒

作　　者：（日）养老孟司 著　师亚文 译

责任编辑：孙志文

北京联合出版公司出版
（北京市西城区德外大街83号楼9层　100088）
三河市祥达印刷包装有限公司　新华书店经销
字数72千字　710毫米×1000毫米　1/32　6印张
2015年1月第1版　2015年1月第1次印刷

ISBN 978-7-5502-3786-5
定价：29.80元

写在前面的话

这本书是作为《傻瓜的围墙》《死亡的围墙》两本书的后续出版。因为在已出版的两本书里，曾写到过一些东西，涉及一些问题，但没有说明白，之后得跟大家把这些问题讲明白，于是就有了这本书。书中提到的那些东西，如果在实际生活中遇到，自己会怎么处理应对？这本书就谈论了大家在实际生活中感同身受的一些问题。

编辑部的人总结了这样一些问题，然后我把这些问题回答出来，就是这本书了。

所以与其谈论一下整本书的梗概，还不如说是对各个问题进行逐个击破的回答更准确。如果有读者不了解，非要追问整本书的来龙去脉，肯定会莫名其妙的。这里就想说明一点：这本书各章节之间是独立的关系，可以随意翻开任意章节进行阅读。

既然说是对各种问题的商谈，那么肯定就有一种读者——对于各种问题，都想要一个标准答案。但是那样岂不是很奇怪吗？自己的事情终归还是要自己拿主意的，商谈，说到底，只是对想法的一种质疑而已。别人能做的，也只是给自己提供一个想法；具体的情况，还是当事人自己清楚。

或许还是会有人不明白，那就拿一件事情来举例说明一下吧。假定在一个演讲会上有一百多个人在我面前，在那一百多个人的眼中，我的姿态肯定是不一样的。现代人都把那点不同看成是鸡毛蒜皮的小事情，但是正因为如此，现代人的不幸也是从这种认识开始的。假如这真的只是一些小小的不同的话，那真正的大不同又是从何处开始的呢？

人生，其实说白了也就是接连不断地反复体验这些小不同的过程。年纪越是增长，这些鸡毛蒜皮的小不同也就越积越多。

所谓“老将出马，一个顶俩”，就是这么一回事。因为涉及的是具体的话题，所以谈论起来也还是很有压力的。由于具体的问题形式很容易理解，就产生了问题的一些固定范式。

我也深切地感受到写这本书的难度，如果把它当作小说一类的东西来看待的话，里面也没有出现一个实际存在的人物贯穿始终。但是如果不当作小说，里面又列举了很多实实在在的人、组织。在一些场合下，这还真是一件令人困扰的事情。即使我的批评听起来像是在说坏话，但也可以不这样认为。因为这跟我并没有直接的利害关系，而且我也真没有恶意。以“我只是真这么想的”这句话为例来说的话，您如果能理解，那真是万幸。

目录

壹．年轻人的问题

年轻人脑子都秀逗了，那么容易暴躁？

媒体上报道了一个未成年明星酗酒、暴力的新闻。好像因为这个他受到了无限期警告的处分。

以前年轻人喝了酒暴躁一点很正常，但次次喝完都要闹事就是问题了。对于那些纵情酗酒的家伙就应该好好地骂骂，然后事情一过人们便都遗忘了，这或许是大人们常用的一种教育方式吧。

如果注意的话，就会发现人们一直以来的论调：年轻人都爱倒打一耙，他们真是脑子秀逗了，那么容易暴躁。但是实际的情况是怎样的呢？与以前相比，现在的年轻人真的有这种倾向吗？这实在是不得而知的事。为什么这么说？因为要调查统计一下真正有暴力倾向的年轻人是否在增加这件事，着实是很难的。不能单纯地跟以前的数量作比较。

只要试着想一下就会明白，年轻人对老年人施暴，并口出恶言，这些经常会成为新闻被报道出来。但是，原本就互不认识的年轻人和老年人之间，从接触的频率上来看，以前跟现在也是不能比较的吧？例如就这两种人在满员的电车上接触的频率来说，现在要远远高于以前。

从根本上来挖掘的话，原因是人口一直在不断增加，至少老年人的数量在不断攀升。早些年，年轻人和老年人直接接触的频率还是很高的，大多是些脸儿熟的街坊邻居，而且大部分是在相同的地方进行接触的，互相都是知根知底儿的。

说起来的时候也不是用“那个爷爷”，而是用“养老家的爷爷”这样一种固有名词来称呼，现在却变成一种统称来指代不特定的人群。如果对这种情况不加以考虑，单单比较事件的数量，那么这样的研究也是没有任何意义的。

以前的年轻人很坏?

要和战国时代相比的话，可能是有点过了。但是要说品行的话，我认为现在的年轻人比我那个时代的年轻人更老实听话，甚至有一种毫无棱角的感觉。在我小时候，有一类人，被称作“海军预科练”——兼具空军作战能力的一批海军。战争结束后，他们渐渐没有了用武之地。或许是这个原因吧，反正当时他们带来的影响很恶劣。因为毕竟是受过特殊训练的人，所以拳头也很是厉害。

我看到过预科练的那帮人集成一伙，抓了两个小孩子扔向河里的情景。被扔到河里的小孩哭着往上爬，但是爬上来又被扔下去了。

我光看这事，也着实弄不明白他们这么做的动机是什么，但是很明显，就是欺负。亲眼看到过这件事情的我，再来看现如今的年轻人，他们的狂暴似乎就算不了什么了。

再往后一点，欺负就演变成了大学校园里年轻人团体的暴力事件。与之相比，现在的年轻人显得太老实正经了。倒不如说他们有个共同的特点——不习惯于暴力。这也是麻木之后，产生一些更严重问题的原因。

我也是一名自由职业者

在预科练中还有一类人，他们跟那些暴力的年轻人正好相反。他们也有大把的力气，有可以把小孩扔到河里的劲头，但是因为战败的缘故，曾经为此热血沸腾的青年们的理想瞬间破灭，价值观瞬间崩塌，内心的失落让他们无所适从。

高中的时候，在那个年代，我们流行着这样一种信仰——“宁为玉碎，不为瓦全”，这种信仰是在一瞬间植入我们内心的，而那些预科练的海军们却不得不抛下这样的信仰，调整自己的人生道路。从生死不定的战争时期，突然转变为日常化的生活，很多年轻人无法适应，变得无所适从，一部分人甚至到现在都走不出来，过着无业游民一样的生活。

最近，无业游民、自由职业者似乎成为了社会的一大问题。但是，这类人其实自古就有。

我试着回想了一下，发现自己在年轻时也过着跟现在的自由职业者相差不多的生活。为什么这么说，是因为我在29岁之前都没有领到过工资。而当时并不是只有我一个人是这样的。

当时医学部的学生们都是大学毕业之后直升到研究生院的。大学毕业时24岁，之后25岁要参加实习，然后再到研究生院里度过四年。在这期间是一直不给发工资的。

实习也是没有薪水的。当然，这段时期的生活费全部从父母那里领取也不现实，所以靠着打工好赖也熬过来了。

因为那时候把成为一名医生作为最终志向，所以跟现在的自由职业者还是有所不同的。或许跟所谓的穷学生没什么两样，但即使这样，我也很是理解作为一名自由职业者的心情。之所以理解，是因为当学生的时期真的很长，这也是我去医学部的原因之一。

当时把有这种想法的人称作“校漂族”。《校漂族的时代》也成为了畅销书。当时的我也正怀有这种校漂的心情，确实不想步入社会，投入工作。

现在的自由职业者比那时更多了，可能因为大家都把这种心情给公开化了吧，也就是说把想在学校里待着的心情转移到实际行动中去的人在增加。以前，这还只是人们藏在心底的一种心情罢了。即使这样，也有人为不参加工作采取了一定的行动。就是所谓的留级生和 Over Doctor（失业博士），这样的人实际上和无业游民没有什么区别。

憧憬无业游民

无业游民虽然另类，但这类人自古就有。他们是介于自由职业者跟啃老族之间的一类人。不去固定的单位上下班，靠着一些杂七杂八的事情赚点生活费，无业游民就是这样的一类人。

以前，“自由职业者”“无业游民”这样的词语还没有出现，但是想成为这样的人，想变成这种生活状态的人是相当多的。现在，只是把这种心理表现出来的人增多了。

换句话说，现在的国家变成了年轻人可以自由选择是成为自由职业者还是无业游民的国家了。以前是必须走向工作岗位，因为那时候并不是谁都可以上大学的。

有那么一个时代，称中学毕业之后的人为“金蛋”。刚出高中，就有很多人来招揽，因此年轻人几乎可以说是被骗到工作岗位上的。我年轻的时候正处于这样的一个时代，所以根本没有机会去成为自由职业者和无业游民。

现在的大人经常以一副说教的姿态说道："我们年轻的时候，工作上可是相当认真的。因为我们明白，必须撑起一片天空，成长为有用的人。现在的年轻人不懂这一点可是不行啊。"

但是在落语[1]中也出现了很多自由职业者跟无业游民的丑角，夏目漱石把这类人称作"高等游民"。我也觉得这个称呼恰如其分，但是这个称呼已经被舍弃很久了。

这样想的话，自由职业者和无业游民的增加也是理所当然的。不用工作也可生活的状态，不知从何时起大家的理想就变得如此了。那个时候能这样过生活的人只有地主和资本家而已。

从某位经济学家那里听到过这样的故事，战

1. 日本的一种传统表演艺术，最早是指说笑话的人，后来逐渐演变成说故事（落语家）的人坐在舞台上，被称为"高座"（こうざ），描绘一个漫长和复杂的滑稽故事，并在服饰、音乐等方面皆有所讲究。与中国传统的相声有类似之处，不过落语演出通常只有一人。

前的时候，巡查会把在旅馆住的客人查看一遍，如果客人在登记簿的职业栏里写的是“无业”，巡查都会冒出一句“今晚的客人不错”。现在看来无业的人应该是很可疑的，但是，在那时候，不用工作就可以填饱肚子似乎只有地主这类有钱人才能做到，可以说这在当时已成为一种常识。

在我看来，可能是战争的缘故，“国民皆劳动”才变成了大众意识。现在生活富裕了，所以允许有一部分人不工作也可以生活。

根本不存在“适合自己的完美工作”

无业游民和自由职业者是否幸福，这个问题暂且不讨论。

对现状总感觉不满、总是在追求什么的人似乎多了起来。根据相关调查，不去工作的理由中，占比最多的是“我正在找寻一份适合自己的工作”。

这并不奇怪。才二十来岁，对自己的了解应该还不够充分。

所谓工作，其实好比是存在于平整道路上的坑洞，需要人去填补，或者说是社会运转的各个环节上的推动力和维系之所在。如果都弃之不管，就会给大家的通行造成困扰。所以必须有人去想办法填上，那么就暂且先填上自己面前的那个漏洞好了。这就是工作。合适自己的漏洞正好空着，自己要去填这样的漏洞，我只想说这是在异想天开。

工作跟自己不合适，这应该是司空见惯的事吧。我常年从事解剖。那个时候的工作包括拖来尸体，在研究室进行解剖，然后将遗骨归还给遇难者家属，这一套都得做下来。这里的工作就是适合我的吗？适合做那些事的人，生下来就该做解剖的人应该是没有的吧？

但是，并不是那样，对于社会来说，解剖是必要的工作。不管别处怎样，这里有这么一个漏洞需要填补，所以我就去填补了。我也想过为什么我必须从事这么辛苦、这么脏兮兮的工作，但是后来明白了，做了就给发工资。社会通过大学，将薪水交到我手里。

不用诊断活着的患者，这是我转向解剖的最大理由。从事这项工作最大的好处是，这里的患者不会再死亡了。这一点可以绝对放心，完全不用担心会因为误诊而杀人。但是逃出了不用诊断患者的苦恼，将遗体交付给遇难者家属过程中产生的那些麻烦却比诊断患者更多。

社会，工作，就是这么一回事。有好的地方，就有坏的地方。只是照顾遇难者家属的麻烦取代了照顾患者的麻烦。如果所有的综合起来化为零就好了。

之后就是只要填上自己眼前的漏洞，就会有薪水。如果认为工作本身就是这么回事，那么也就实在没有必要喊着找跟自己合适的工作了。在NHK的“Project X”节目中登场的白领，在刚进入公司的时候不也都是些胸怀大志的人吗？

比工作合适不合适自己更为重要的是，一旦接受下任务，就绝不能半途而废，必须从一做到十。在做的过程中自己的想法会发生改变，自己在这个过程中会成长。我的结论就是，工作就是要这样做的呀。

最近有很多人认为工作不是去填漏洞，而是在路上再堆一座多余的小山。因为他们没有从社会是否需要这个角度来考虑。造出多余的桥、大楼，正是这种在路上多堆一座小山一样的工作。或许，本来是打算填路上的漏洞的，但实际做的却是在路上又多堆了一座小山。

但是，填一个漏洞却比多堆出一座小山要容易得多，因为不需要花费劳力。

我觉得如果平常人能这么想不是很好吗？正因为自身的努力，在不断地填漏洞，路因此变得平坦，路能变得平坦就意味着更好走了。堆小山的话，会越来越成为阻碍，不仅妨碍行走，而且阻碍视线。换句话说，工作不是因为你而存在的，而是因为社会的存在才有工作。

钱是从社会里挣来的

为什么年轻人会说“工作好无聊，在公司待着一点意思都没有”？我认为这是因为自己所做的事情是公司给的，而公司一般不会给适合自己的工作。公司是作为一个整体，来填埋前进路上会遭遇的漏洞的。置身其中，如果能认真工作，定能发现自己可以填埋的那个漏洞。

为社会而工作，这样的论调或许会被批判为封建保守，大家或许更容易接受“人生道路上的漏洞，只要我们用意志、力量和智慧去填补，就一定会在理想的道路上飞速向前，收获自我”这样的话语，但是这样的话是骗人的。因为先有的并不是自己，而是那些在路上的空空的漏洞。

单说合适不合适的话，我一直认为我跟工作之间是不合适的。直到现在我都认为比起工作，我更适合去捉虫子。只是在捉虫子的时候，我感觉自己处于一种完全没有任何违和感的状态。而且我明白只做捉虫子这一件事的话，怎样都是难以维持生计的。

我觉得自己应该再干点别的什么才能维持去做适合自己的捉虫子这项事业。于是，因为没有任何资产，就只能先暂且投入到工作中去。所以，尽管这个工作并不适合自己，我也不能就轻轻松松地放弃不做。

大概很少会有人认真地把自己的工作当作一种天职来做吧。假如自己适合捉虫子，是否把这个当作工作就好呢？其实会发现并不是那样的。如果捉虫子真的成为自己的工作，且先不说会不会真的高兴，其实一不留神就会成为负担。能快乐地做某件事，从某种程度上来说，是因为不用负任何责任。

工作世袭需要大智慧

工作还有一段可以世袭的时期，这样其实很好。在一段时期内认为世袭能引发一种恶性的权威化，总之是一种对世袭封建落后的批判。但是小泉纯一郎首相也连着做了三代，也没有因为世袭而受到很过分的批判。

在医生世家中，三代都在做医生，像这样的例子并不少见。这些需要稳定的工作空间和口碑的职业有不得不世袭下去的因素存在。“我们上一辈的人不在了，所以我们要关闭医馆，再见。”这样的话，在一个地域内生活的人会觉得很困扰吧。世袭的话，那些设备等硬件方面可以很顺利地传承下去。

除此之外，孩子在很小的时候，就可以对祖辈的事业耳濡目染。如果这家没有小孩，或者小孩不是那块料，就从外面领养一个孩子作为自家的养子。日本社会就是因为这样做了才得以维系下来的。在《忠臣藏》里，为什么会有上杉家的人帮助吉良家呢？因为吉良家的长男是上杉家的养子，有这样的一段牵连在里面。

就像谷崎润一郎的《细雪》中，家里只有一个女儿，就从外面招进一个出众的女婿来继承家业。那时候日本社会靠这种制度维持着良好的组织秩序。

现在说起世袭，要保持留给有血缘关系的那个人，总有种会不会流传到一个傻瓜的手上的疑虑。好不容易立起来的招牌，该交到谁的手里呢？这里面是需要很大的智慧的。

从脱草鞋做起成就大事的人

想必大家都知道“秀吉脱草鞋”这个故事吧。从给织田信长脱草鞋开始做起的秀吉，最终夺得了天下。为什么要去脱草鞋呢？原因是在雪中，要用身体去暖和主公信长的草鞋而已。

或许你会觉得这个小故事是为了表现秀吉灵活聪明，但并不是这样，而是要教给大家一个道理：做事一定要诚恳认真。秀吉就是用一颗很诚恳的心脱掉信长的草鞋。最开始就是认真的态度，所以最后才会成大事。这样的一个故事，就是告诉大家要以认真的态度面对工作。

当然，不论填补多少漏洞，总有自己无法填补的那种漏洞。因为总有适合不适合一说，所以也是没有办法的事情。在这种时候，你肯定会觉得自己的状况变得很奇怪，总想以某种形式走出去。

但是，在现实社会里只要认真工作，总会明白空着的漏洞在哪里。好好睁开双眼走路的话，谁都会看见的。我在学生时代，打了一份工，是做家庭教师。因为那个时候的升学率一直呈上升的状态，但是补习学校却不像现在这样多，所以我赚了很多钱。这也是一种发现漏洞并做出点成绩的例子。如果当时就那样乘势而上，继续做下去的话，或许现在的我作为养老研讨室的经营者早就发财了吧。

无业者就好像是在课堂上选择睡自己觉的那类人

话题再回到无业者身上，我认为对于这一存在不能持全盘否定的态度。如果媒体没有跟进报道相关新闻，以示社会对这一群体的关注的话，他们就会像大批僵尸一样涌到自己身边。这种家伙多起来的话，确实是很让人头疼的一件事。也不是说无业游民就怎样怎样，让他们去死或者怎样，而是在思考到底要怎么办才好。

但是这件事在某种程度上也是没有办法的事情。人只要活着，就避免不了别人的贴近。如果是一家人的话，那根本就没有办法，只好接受了。过去的日本社会，连这一部分也是做了详细规定的。

江户时代，有一个叫作“五人组”的制度。现在的人会认为那是封建性质的，把它理解为一种高压政治。但是实际上却是很适合庶民们的一项制度。那些干什么都不成的人，会照看整个村子的领地，这样就确保了他们的生存权利。日本人基本上也一直保持着这么一种习惯。

所以，把那些人驱逐出去的话会惹出更多麻烦，不如就留在组织内部好了。在自己的地方都没有用的人到外面也不会有用的。现在的日本公司里，这样的人总是在一定程度上存在着。这样的人虽然领着工资，实际上就像是无业游民一样的存在，只是装作在工作罢了。

东京大学也是这样。在东大的公告板上，名字位列最底下的几个人，只是挂个名字在那里混饭吃的人。医学部也有这么一类人，因为学术不精就算开除出去也是个大问题的那么一类人，就是不工作，但是只要不引起别的大问题就很好的那类人。

如果将这么一类人就那么没品地放逐出去，反而会引起各种各样的问题，而如果清除这样的人的话，局面反而会变得无法处理，是有这么一种可能性存在的。

或许严肃认真的人会出来指责，难道那些人就应该被这么庇护起来吗？但是在阿里集团，实际工作的人只占总数的两成，如果就由那两成的人来组建一个公司的话，又会怎样呢？你会发现，在这个新公司里工作的人也还是只占总人数的两成。

这是一个体制所具有的一种基本性质（关于“体制”这个词，我在后面还会有详细的介绍，请把这里的体制理解为社会全体的组织方式）。要把剩余人员全部合理利用起来，似乎确实意义不大。

跟我还处在成长期的那时候相比，现在的家庭主妇总是拥有更多的空闲时间。这样一想的话，像无业游民那样的家庭主妇确实增多了。

对无业游民、公司内部的无所事事的人，与其很气愤，想要将他们驱逐出去，还不如这样想：因为他们不工作，所以我只要稍微工作起来，就会被当成宝呢。这样想的话，或许你又会说：那就让周围的人都成为无业游民吧，大家都去做自由职业者好了。那最后社会就会变成这样：只要稍微努力一下，你就可以出人头地了。

在这点上还是要感谢无业者的，他们从最初就落单了，这样就凸显了自己的价值，所以在这点上工作的人是不可以对他们发脾气的。

怎样才能挣得自己该得的薪水

Number One 不如 Only One，做世界唯一的那朵花，这样的话语能得到大范围的支持，不可忽视战后教育的作用。但是如果不对年轻人讲讲这件事的反面，我觉得不能算是获得拯救。

应该说你只是一个平凡的人，认识到这一点才能更好地去填埋社会里的漏洞。这样的话，你才能挣得自己的薪水。一个人有能够填埋的漏洞，也有不能填埋的漏洞。想去填埋的漏洞和能够填埋的漏洞又是两回事。在填埋的过程中，你或许才能意识到我填错了，这样的情况也是极有可能发生的。

那个时候转行就好了。但是前面不努力一把的话，你永远不知道这是一个错误的漏洞。还应该说一点就是那个漏洞是否合适这件事，并不是由自己来判断的。判断是否合适这件事的是别人。所以才会有上级的存在。

只要努力就可以实现梦想，这种幻想好像根植于大众之心，事实却不是“只要努力”这么简单。要这么说的话，那么就可以说“不买彩票的话就中不了奖，只要不停地买就会中奖了”。认为没有买到的彩票里面才有大奖，这种想法是不对的。

如果想要成就一件事情，不试着去做永远都不可能成功，最后放弃了也是不行的。但是，放弃并不是什么坏事儿。合适不合适，似乎旁观者看得更清楚，所以就那样放置在记忆里就好了。试着问问别人：“我觉得不太合适，可以做到这里就放弃吗？”

“你都为这件事努力到现在了，为什么不接着再努力下去呢？”别人一般会这么说，那就按照别人说的去做就好。不过有时候，也会有人说：“因为那个人这么对我说，所以我一直在忍耐着做。”这样把责任推卸到别人身上也是不对的。

因为，一直在做出选择的是自己。

追求共同性

当然，并不是说谁就该做什么样的工作，有所成就的人都是在勤勤恳恳工作的过程中不自觉地就走到了那一步。所以在工作最初，就认定自己就是要做这个，发挥自己 Only One 的特性，这真是很勉强的说法。

认真做一件事情时，虽然会有不知道怎么做的地方，但就是在这样不断克服困难的过程中被挤向了漏洞处。只不过，要想填埋怎样的漏洞，时代，确实是造就漏洞不可或缺的一个重要因素。

小泉首相的邮政民营化就是这样的一个例子。这个时代没有到来的话，这个政策肯定不会被周围的人接受。（我并不是说这个政策本身有多么好）现在想想自己该如何填埋这个漏洞的话，也还是能发现自己忽略的一些因素。倒不如说现实就是由被人们所忽略的各种因素组成的。结果它们就越变越大，理所当然的一些道理也变得讲不通了。

然而，如果合适的时代来临的话，就会发现，突然一切都顺畅起来了。看看历史，也会发现很多这样的例子。特别是关于西方学问的历史，所谓的先驱者都是在死后才得到了适当的评价。这样的事后评价一般给予的都是此人有先见性等正面评价，例如这个人是这个领域里的先驱等。

但是如果把时代作为问题的中心来考虑，最重要的不是具有先见性，而是要有普遍性。如果那个人具有普遍性，不知何时，属于他的时代就来临了。并不是要去做一些看起来勉强但又伟大、新奇的事业，而是尽可能地拥有普遍性，然后在获取结果的时候才能获得一定先机。正如我前面一再陈述的那样，尽量适合于所有人，追求共同性才是比较好的渠道。

越是大声强调的人越不确信

Number One 不如 Only One，貌似是没有任何错误的表述。正所谓每个人都有自己的个性，都保持着自己的独特人格。但是对这个表述，我总是喜欢不起来。

我觉得这正是关乎确信的一个问题。原本个性这种东西就是存在的。如果对这种东西有自信，就没必要整天喊在嘴巴上，我觉得或许可以这样认为：故意高声强调这件事，正表现出对这件事不够确信。

希望得到别人的认可，所以故意这样喊出口号，这不正好证明了对这件事的不确定吗？虽说是在确立自我，但自我是一开始就有的，没必要专门去确立一下吧？如果有人想专门确立，其实并不是想证明自己，而是想确定自己的社会地位吧？

如果真的明白自己作为唯一的人存在于这个社会的价值，那么就无所谓是否得到别人的认可了吧？而且在有些情况下，即使默默无闻也不会心生不满。

那样高调，反而让人感到是在说：请大家都来欣赏“这么优秀的自己啊”的感觉。我只想说的是高声宣传自己，实际上是因为心里对自己没有真正地认可。

对自我存在着一种根本上的错觉，这种错觉会制造出极端的人，这种误解经常在艺术家中看到。如果在艺术大学说这样的话，大家即便默不作声地听着，心里也会有所感触吧。

因为产生错觉的人会喜欢虚张声势。拿艺术家来说的话，他们深信不疑自己的作品是独一无二的绝世佳作。但就是那样的佳作，结果也只是拿到一些展览会上被一些所谓的教授评论一番，似乎不这样就难以获得满足。而我想的却是：真是难以相信这样 Only One 的作品就是什么绝世佳作呢。

大事听夫人的，就没什么大问题

再来关注一下当前的教育。如果眼前的学生真的天赋异禀，个性独一无二，那暂且把他自身带有的个性特点作为一个前提来对他实施教导，对具有天赋的人无论实施怎样的教导，都是无可厚非的。

进行严格的强制教育也是可以的，要说为什么，如果这个学生真的有自我的话，那么不管怎样强制，他都有不会听的那部分吧。

因为一些小事就说“这不像我”“如果这样做的话就不是我了”这样的人反而是对自我没有确信的人。所以我总感觉那些标榜 Only One 的人实际上就是这样的一类人。

夫妻关系中，大事都听夫人的，就没什么大问题，事情总会得以顺利进行。这时候就没必要谈及男人的面子问题。所以，有所谓的“男人的脸面”这种提法，那不正是跟高声主张 Only One 的那些人是一个道理吗？

这样的人实际上是在外侧随意地给自己建造了一面墙壁，然后站在墙壁内对外宣称这就是我，其实他们真的活得很累。这样下去的话也不会撑很长时间吧。

过于拘泥、对自己的生活细节做很多决定的人就是这么一种人吧？烟必须要抽这种的，饭店必须选这家的，很多的所谓“必须这样”就是这么一回事。

这样的墙壁就像无家可归的人用包装的硬纸板隔出来一个家一样。无家可归本来就是自由的，完全没必要用硬纸板隔东隔西地给自己隔出一个像家一样的东西。当然实际上这样可以保暖，但看到这样的事时，却总感觉不仅仅是因为可以保暖。

这样不是更自由了吗？将自己隔开来的人是这样认为的，因为人们总是想隔开彼此。

贰．没必要纠结“自我”

自我到底是什么？

人们经常这样抱怨："根本就没有一份完美的工作，能发挥我的所有才智，展现我的全部优点！"

近来，大家似乎都越来越倾向于围绕自身思考一些问题，所以"探寻自我""真我本色"这样的词汇常充斥在人们耳边。

那么，自我到底是什么？其实这个问题在《空无思想的发现》一书中已经做过详尽的解释，所以这里只做一个简单提及。

假设自己的小指被切掉了（当然这是一件不幸的事，为了说明道理，我们暂且作此假定）。仅仅因为小指没有了，现在的我就不是原来的我了吗？持这样想法的人肯定是少数派。当然，绝大多数的人还是这么认为：我还是我，我并没有因此发生本质上的变化。

在这种认知下，便会得出这样一个结论：肉体并不构成自我。在基督教世界中，人们总是从身心二元论的立场来分析问题。从这个角度来看，这样的结论确实是合理的，基督徒始终认为身心是分离的，只有心这部分才构成自我。

灵魂不灭，如果以此为前提来思考问题的话，认为“肉体构成自我”的想法确实不合逻辑，毕竟肉体总是会腐烂消逝的。因此，代表基督教派的西方人认为：即使小指被切掉了，那也只意味着一部分肉体消失不见了，并不意味着“自我”的消失，“肉体就是自我”的观点在他们那里根本不成立。

可是，“即使小指被切掉了，我也还是我，这个问题已经弄清楚了。但是如果切掉跟小指一样大小的一部分大脑的话，又会怎样呢？那样的话，只在顷刻间，自己就不是原来的那个自己了吧？”如果这样询问代表基督教派的西方人的话，他们又会作何解释呢？

有关“自我”这个概念，西方人和日本人向来理解不一。可以说古代的（明治维新以前）日本人和现代的（明治维新以后）日本人的理解也是不同的。西方人口中的“I”和日本人口中的“わたし”本来指的就是不对等的内容。所以对这个问题，需要切入语言内部分析理解，才能探知究竟。

关西人会用“自分（译：自己）”来代指对方。从这里我们可以看出，关西人是“视对方如自己”，即他们把自己与对方当成同一对象来看待。

类似这种表达并不只限于关西。想必你也经常在一些时代剧中看到江户的商人把自己称作“手前（译：洒家）”，但当他们在江户川沿岸的平民区发生争执、吵嚷时，你又会听到他们说“给手前（译：你小子）点颜色瞧瞧”这样的话。要知道，这些商人平时所说的“手前”是指自己，而吵架时所说的“手前”是指对方。

此外，还有类似的例子。武士会用“おのれ自身（译：下官）”来代指自己，但也会在怒发冲冠时，横刀一指，放声大喝“おのれ！（你这家伙！）”，

这难道是武士对自己气愤到极点了吗？当然不是，后面的“おのれ”指的是对方。

为什么在日语中会存在这样的表达方式？从根本上讲，这是因为日本人在无意识阶段中会本能地对自我和他者做出一个区分。简单来说，就是这样一种确信：即使不一一做出区分（即没有用语言明确地标示出自己和他者），但在意识认知上会一直存有对自我的把握。

反之，如果对自我和他者的区分在大脑认知中的无意识阶段就能够区分得很清楚的话，那么在那种情况下转变语言表达方式就显得不那么重要了，即使不一一明确表达出“我就是我”“俺就是俺”的意思也不会影响正常交流。正因为“自他区分”在无意识中已经很明确，所以不管语言如何表达都行得通。这就是日本人能很容易地理解、会意上述例子中所提到的两个词汇的两个用法的原因了。

或许，这在西方人眼中是无论如何都难以理解的。因为对于他们来说，意识领域里的我才是真正的我。所以不管在任何时候都需要先蹦出“I”这个单词。日语的文章和会话交谈中，比如“我喜欢你”的表达，并不常明确标示出主语。日本人只需说“喜欢你”这样的句子就可以完成完美告白。但是，在英语中一定要把主语强势插入——“I love you”——这种表达方式更常用。

无意识中本能的确信

“无意识中本能的确信”说来好像很难理解，好在对这种情况的解释在别处也有说明。《日本的空无思想》（加藤典洋著，平凡社新书）写有这样一件事：以某位政治家的发言为契机，加藤氏在国语词典中试着查了“本音”（译者注：心里的真实想法）这个词。接着他就发现，这个词的定义在不同的词典里竟然有一百八十度的反差。

在一本词典里，“本音”的意思是“把内心的真实想法从嘴里说出来”，在另一本词典里指的是“没有说出来的，藏在心底里的秘密”。从嘴里讲出来和不从嘴里讲出来，可是完全相反的两种释义。

为什么会存在不同的解释？或许是因为日本人对“真实想法”这个东西，持有一种无意识的本能确信吧。因为不论是否从嘴里说出来，他们都能确信自己的“真实想法”是实实在在存在的。所以，在语言表达上就不过分强调了。从嘴里说出来还是不从嘴里说出来，不论是只存在于脑子里，还是最后从嘴里讲出来，真心话就是真心话，完全没必要拘泥于语言上的表现形式。

那么再回到“自我”这个概念上来：不管在语言形式上如何表达，“自己是自己，我是我”，都能在无意识中做到明确，从这个层面上讲，是否转变语言表达就显得无关紧要，这也正是日本人思维意识中传统的一种认知习惯。

大脑是自主思考的

事实上，意识上的自我就是全部，这样的西方式的思考方式，从大脑科学的角度来考虑的话也是有局限性的。例如你正在讲什么东西，不管讲的是“嗯嗯”还是“傻瓜”等都无所谓。实际上你意识到在你要讲那个东西的瞬间的前一秒，你的大脑已经在转动了。也可以说在意识产生之前，大脑就自主运转了，而并不是意识到自己要讲什么之后才从嘴巴里讲出来，在那之前大脑就已经在想着要说什么了。

那么在意识产生之前大脑是怎样自主思考的呢？这取决于身体所处的状况，也正是所谓的“衣食足而知礼节”，由所处的周遭条件来决定大脑的运转。不管大脑那一方是怎样的知书达理，如果没有足够的物质条件来做支撑的话，也是无法进行下去的。

就拿身边的一个常见例子来说明大脑的自由运转。如果手指突然碰到火苗，手指肯定会反射性地立马缩回来，肯定是首先感到实实在在的“烫”，然后嘴里才会发出“啊”的声音。

手之所以先缩回来，是因为痛的感觉通过脊髓传达的速度更快。同样的刺激传达到大脑，然后再从嘴里喊出“啊”的一声，大概要花一秒的时间。

打个比方，我们的意识就像是打国际电话的时候，连接电视的那个卫星中间站。在国际电话的通话中，一方说出话之后要等另一方反应过来，这中间是要花费一小段时间的，因此就会比平时的面对面对话要稍微迟缓一点。

最重要的是大脑处在一个怎样的状态之中。当身体处在一种奇怪的状态中，并且处于一种极限状态下时，人就会立刻发狂，做出一些穷凶极恶的事情来。

所以要在意识中有一个自我存在，足以支配周遭发生的一切，这才是最重要的。奥斯维辛集中营中有一位名叫科尔比的神父，他在集中营里也没有忘记保持人性。如果说意识就是所有，认识到这一点的话，那么谁都可以像他那样去做神父了。但是，实际上却并没有那样，所以科尔比神父才成为传说。

那么为什么大家不能都成为科尔比神父呢？并不是说没有成为那样的人这件事有多么奇怪，而是说科尔比神父的大脑真是难以撼动地结实，在那样极端的条件下维持人性生存下来确实是很难的。

所以说，比起大脑聪明灵活，大脑结实的反而好处更多呢。

“私”“家”有别

日本人对“自我”的认识，我认为是跟现实大致相契合的一种思维。不论是意识之内还是意识之外，我就是我。

当然，西方是有西方的具体情况的。日本人只是取了与之不同的一种对"I"的理解方式而已。说到底，文化作为这其中的一个要素，产生了关于自我的差异问题。

这一点从西方和日本制作墓地的方式不同就可以看出来。日本的墓地总是世世代代在一起的，日本是把个人跟家族同一化起来的。在西方，就会看到个人的墓地，而且会写明生于何年死于何年，这样属于个人的明确的数据。

其实这件事正表明了在日本社会是把家作为单位来对待的。所谓的"公""私"，在西方的话，"私"就等于"I"，但是日本并不是这样的。"公""私"中的"私"指的是家。

所以自古以来，人们都会继承世世代代留下的家业。继承家业这件事能进行下来，也是因为有一个前提，就是世世代代都认为这件事对社会来说是一种必须。规定好了你的工作，就必须做。

在这之上，江户时代的人们把这件事做得极好，所以也就把公和私分得极开。本居宣长的本业是一名医者，但是在他家二楼四畳半[2]的小房间里，他却可以闷着头自由地搞他的国学研究。因为在家里的时候是“私”的一个空间，所以做什么是自己的自由。

伊势松坂的医者本居宣长跟作为国学者的本居宣长是不同的人，在那儿有一个明确的标线界定。

也并不是说本居宣长就对自己呀自我有什么特别的意识。自己，这里的跟那里的是不一样的，他并没有那么去想。但是根据当时的社会体制，他自己可以把“私”处境下的本居宣长跟“公”处境下的本居宣长分得清清楚楚。

根据小林秀雄写的《本居宣长》，宣长临终时好像是留下了异于常人的列举了所有细枝末节的遗言。葬礼上列队的顺序，由谁来抬棺木，什么时间出殡，墓地要怎么怎么样，全部指示了出来。

2. 日本人用来铺在房间的草席（榻榻米）的张数。一张“榻榻米”是“一畳”，那么这个房间的面积的大小是“四畳半”的话，就是四个半榻榻米那么大的面积。

因为在当时是很特立独行的事，所以宣长死后，家人还因此专门设立了咨询处，用来说明举行这样一个葬礼不也是很好的吗?

但是政府那边的回复却是:“这真是极为异常的一个葬礼仪式。但还是先办一个跟世人一样的寻常葬礼吧。之后再按他本人所述的那样来办。”总之，意思就是要办上两场葬礼。这也是“公”“私”分明的一个表现吧。

或许到这里小林秀雄都想写:是谁说江户人很封建，没有一点“个性”的?就算是近代人也没有像本居宣长那样拥有自我的人吧?

近代人认为比起江户时代的那些人，自己是更自由的。实际上却是被公司束缚着，在一个组织机构里埋头苦干，便认为自己是幸福的了。本居宣长听到的话或许都会笑着活过来了吧?事实上正因为那样生活着，现在的人也不容易区分出来了。要说“公”和“私”，现在的人会很容易把“私”理解为个人。但是实际上在日本是把“私”等同于“家”，即使是现在也有这样的思想。

在日本，不管是位于多么偏远的小镇上的小户人家，家里都会有屏风这类东西。或许你对此已经习以为常了，但是在美国就没有几个家庭会有这个东西。日本的屏风是为了向大家展示“这后面是属于我的私人空间”而做出来的。

在新潟县有一个事件，说是一个女子被家人监禁了近十年。即使周围的人对这件事略有了解，但因为家是“私人”的领地，所以就不敢说什么了。在美国的话，对于家庭内部的暴力、虐待儿童这类事情，会有大量的警察和行政官员闯入这家，日本却完全不会采取这种办法来解决。这也是因为把“家”看作是“私”性质的空间。

或许你会问为什么儿童商谈所不积极采取措施呢？因为对别人的家中事是不可以多嘴的，有这么一个大家心里都明白的前提存在。假如对大摇大摆走进自己家中的小孩说三道四，对方或许会说：“都教育到那种地步了，不如你领回家替我养吧。”

这也是把“私”等同于“家”前提下的一种歪理罢了。

完全没必要纠结“自我到底是什么”

基本上，不把身体的一部分看作是自我的这种思维认知，并不是日本传统的思想，而是西方人的想法。

正如到目前为止一直论述的那样，原本日本人跟西方人在关于“自我”和“我”的认知上就是不同的。西方人获取的理解单位是个人，这个个人只部分地存在于意识之中，而日本人就没有这样的思维。

自己有固有灵魂的存在，只是这个灵魂必须依附于肉体才得以存在罢了，这就是西方式的思维方式。这种思维方式只能在日本的哲学家写的书中看到。

恐怕“适合自己的工作”“探寻自我”，做出这样宣誓的人，是在不经意间从哪里获取了近代西方哲学中关于“我”的概念吧？但是日本社会自古以来都没有这样的认知，这就很难办了。是首先有自我的存在，然后寻找跟这个自我合适的工作呢，还是社会中先有了工作，然后把自己填补进这个工作中去呢？我认为日本应该属于后面这种体制。

从这个意义上来说，作为继承家业的第三代的小泉首相，也是一个传统的日本人了。

日本人所讲的“我”这个词，意味着“自我”，是发生在明治以后。正因为这样，日本的“我”跟西方的“个人”才混同起来。英语中所讲的 private（私事）和 individual（个人）虽然是两个不同的单词，但在日语里都是“我”的意思。

古时候的日本讲公私的分别，公是指社会，私就是指家庭。说得更简单一些，公指的就是天皇家。天皇家跟我家就是公与私。到了明治维新以后，“我”这个词语的意思便也加上了西方的“个人”的意思，于是就发生了意义上的混乱。

实际上这个词语要按语言的定义流变解释，全部都变成西方式的那种理解也没什么问题。

不管日语政策上如何把“我”跟“个人”画等号，在世间却没有被人们接受，这个词语的意义在世间不是那样运作的。因为即使语言上如何蒙混解释，社会却并不是那样理解的。

因此到现在为止，关于“我”的问题，影响一直存在。

我觉得大家完全没有必要抓住这个问题“自我到底是什么”在那里苦苦纠结。那种东西即使没有意识到，本来也是很明了的。

这时候就有必要说一下佛教中讲述的“无我”，也就是说如果有闲工夫考虑自己到底会怎样怎样，还不如想点别的事情。

叁.恐怖主义的问题

应该跟恐怖主义宣战吗？

在《傻瓜的围墙》一书中，我有写过战争和恐怖主义之所以无法消失的原因之一便是人们认识上的一元论。自己在自己的头脑中构建了一道类似“傻瓜的壁垒”一样的东西，完全不去想象对方的任何东西。只把自己的意识认为是世界的全部。这种想法结出的恶果，便是恐怖主义跟战争。

面对恐怖主义，美国有他自己的一套应对办法，什么倡导的“与恐怖主义宣战”，攻破敌人的根据地这类办法。但是对于这样就能够消除恐怖主义，我很是怀疑。倒不如这样想，沿着这条路线走下去的话，最后自己也变成一个恐怖分子了吧。对于美国现在的做法，我真的不认为是高明之举。

就像在奥姆真理教中，就有在谁都不注意的时候，发起恐怖行为的人存在。跟这样的人一一去宣战简直就是不可能的事。

我们应该考虑的，其实还是事情的原因不是吗？能从根源上把这个原因给消灭了，才是最重要的吧？而且这里需要弄明白的一件事是：要消灭事情的原因，跟在恐怖主义发生之后攻击对手是完全不同的两件事。

真正重要的是预防

大家只需要想想生病的时候，没有疾病，就无须治疗。我经常讲述的也是防患于未然的预防方法。

只要不放纵饮酒就不会引起酒精中毒，那么“太好了，正是因为我没有过量饮酒，所以才没引发酒精中毒啊”，没有酒精中毒的人会这么想吗？好像不太会。

如果没有那么多人陷入一元论，也就不会发

生发动恐怖事件那样极端的事了。但是，我们不能因此认为“恐怖事件被阻止了”。对于多数人来说，“阻止”意味着携带炸弹的犯人在上飞机的紧要关头被扣押那类事件吧。但是，那也只能说是那个恐怖案件被阻止了。

真正重要的是预防。如果采取了预防措施，就不会发生恶性事件了。至于预防是否有效那就另当别论了。通常对于一元论的批判，也是出于防止成为恐怖分子应当采取的措施。

我这么说，恐怕无论如何您都难以心服口服。您或许会想制造恐怖事件的恐怖分子不对，他们思想有问题，要预防就先改变他们的思想吧。如此一来就会攻击恐怖分子，给恐怖分子一个有力的还击。

追求变化带来更加“不安”

很意外的是，古代人看起来很清楚“未发生事件的重要性”。我感觉他们考虑社会问题时，更加重视未发生的事件。

所谓的保守，实际上就是指在太平的日子里做着太平事，不会引发任何意外的事，但说到底，也是一种防患于未然的预防。

那种想法也许不同于现在的普通人。多数现代人认为所谓的社会进步，就是逐渐发生变化。

事实并非如此。社会真正意义上的进步，是指周遭不再有动荡发生。总之，就是上文提到的能防患于未然地一直工作生活下去。

这才是本质上的进步状态。而现代人口口声声地叫喊着“不安”，在我看来，正是一种本末倒置之后的结果。他们不断追求着变化，抛开事情发生的原因，一味地在结果上苦苦思索，这样的做法只会更加“不安”。

悲剧源于认定自己百分之百正确

如果有人把自爆组织和特攻说成一回事，一定有人怒斥不要把两者混为一谈。有人或许会说“不要混淆为了国家为了民族而战的日本人和恐怖分子”。但是，从头脑运行的方式来看，两者是一样的。

当然动机有所区别。首先，现场的入口和获取信息的方式就有着天壤之别。从出口、从大脑的输出=行为来看，至少两者是相同的。不计生死这一点是相同的。

所谓的入口不同指的是信仰、状况、时代的不同。本来，如果细细看，同一特攻队里的人员其入口也不尽相同。只是，说出口的话会引起麻烦。

若问入口有无区别，当然如果出口相同，就必须要考虑入口了。在出口处如何能够使之悬崖勒马尤为重要。有一种人，从来不会悬崖勒马。

认为不能悬崖勒马的人是一元论，即受到“超级傻瓜的壁垒”的阻碍，不去想壁垒对面的情况，不考虑除此之外的视角，这样一来只会火上浇油。

所以我经常说：“你的想法不可能百分之百正确，至多正确百分之六七十。”能把事情想到那种程度，肯定不会抱着炸弹冲锋了吧。日本也没必要把战争持续到那般田地。在那之前早就降服了。

如果认为自己的想法至多正确百分之六七十，输到六七成就会举手投降了。正是认定了自己百分之百正确，所以便一发不可收拾。逞强败到百分之九十九，下场是被两颗原子弹击中。

因此蒙受了无法挽回的损失。而悲剧源于认定了自己百分之百正确。

恐怖主义是伦理问题

在出口处及时踩刹车加以控制的是什么呢?不是别的,正是“伦理”。在出口处约束行动。

耶稣救世主所说“汝等莫奸淫”的场合,“猥琐地看着别人的妻子”也相当于“奸淫”。这不是在出口,而是返回到源头去控制感情。一般伦理上所说的“汝莫杀人”是约束行为。“汝莫杀人”即使在佛教中也相当于“不杀生之戒”。在这一点上佛教与基督教是相同的。

这样在头脑中,伦理就被想象成一种抽象的戒规。实际上是输出=行为的规制。

简而言之,恐怖主义是伦理问题。有的人时时谨记清规戒律,也有的人不加约束自己的行为。那是他们自身没有伦理之心。

“讲求伦理道德”这句话,是现在社会生存的不二法则,因此,即使在不擅长说教的佛教中,也有不杀生的戒律。

最近说起伦理问题，有人容易往歪处想，说不要进行“下流的想象”。但对异性想入非非，在某种程度上也是身不由己的。像耶稣那样，在到达出口处之前进行规制也有些勉为其难。重要的是不付诸行动。

制造“九一一”袭击事件的恐怖分子处在完全没有规制的状态下。做得确实很过分，这是连动物也做不出来的行为。动物一般不会这样做，因为动物从源头上就有禁止这样做的约束装置。

有“飞蛾扑火”的说法，但那种飞虫只是因为判断错误才冲入大火之中的，不存在明知危险还飞进大火之中的飞蛾。这样说，您就明白那种完全违背本能、制造自杀式爆炸的极端行为了吧，是无视动物本能才干得出来的事。

结果，对这种恐怖行为作为个人能够做些什么？您如果问：“到底该怎么办？”我只能无奈地告诉您，个人没必要做什么。只要作为个人不去制造恐怖事件就好了，只要做到这点就好。

恋爱正浓时是可以不顾性命的

有些跑题，但我还想说，在奥姆真理教型的恐怖主义受挫的日本，说不定那种能量正在以恋爱的形式显现，恋爱在某种程度上也有一些类似恐怖主义的东西。

恋爱正浓时确实是不顾性命。恋爱时不顾一切地只关注自己的想法，而且对于自己陷入这样的境况竟然毫不自知。恋爱的人陷入狭隘的观念中，恍恍惚惚却还怡然自乐。作为验证，他们经常会说很痛苦。无论怎样眼里只有恋爱，像极了恐怖分子的心情。

经常给别人添乱这一点也跟恐怖分子很相像，但恋爱造成的实际伤害会少很多。

花钱就不会流血

看日本的报纸，经常会看到日本也必须积极对抗恐怖分子的报道。比如，海湾战争时，日本没有流血，只花钱而为世人所耻笑，这次不能再那样了。

海湾战争时，日本投入了巨额金钱。那些钱来源于重税，重税是怎么回事呢？比如，包含了四国架桥时事故伤亡者所纳的税。认为“只是把钱收集到一起，花钱就不用流血”的人是不会明白其中道理的。

那是所有人赌上性命交的钱。我母亲年过九十岁还在工作，也抱怨过：“我这么大年纪了，还要交税吗？”幼稚地认为“只要交钱就没事”的人，关于那钱没有认真思考过其来源，他们不知道税金的分量，即便是因癌症，临死的人只要有收入，税金还是得缴纳。所以，那是“血税”。花那么巨额的钱，还说“没有流血”，没有比这更加天真的论调了。

总之，我们知道，我们已经往伊拉克战争投入足够的人力和财力了。您大可把我以上的言论当作老头的傻瓜言论。说真的，伊拉克人与美国人在伊拉克厮杀，这与我们日常生活没有半点关系。关于这一点，我们还是清楚地认识到比较好。战争双方——伊拉克也好，美国也好，都与我们没有任何关系。出于人道主义，我们同情非洲忍受饥饿的人们，但并不是说日本政府采取些措施，就可以解决所有问题。

有人会想，因为战后的东京也是从废墟中重建起来的，所以伊拉克人也向日本人学习不就好了？说伊拉克人也可以像日本人那样，不就好了？

说伊拉克贫困，也并不一定如此，因为伊拉克产石油。我不得不说为什么邻国的沙特阿拉伯那么富裕，伊拉克那么贫穷，问题在于伊拉克自己吧？为什么日本要强行去插足呢？

仓廪实而知礼节

在这里，有些不怀好意的人说：“难道有钱变富裕就够了吗？不就是钱吗？”但人没钱是不行的。

总之“仓廪实而知礼节”这句话非常重要。

如果人们食不果腹、寒不蔽体就会变得卑鄙下流，事实并不全是这样。但是，还是如上文所述，从一个人的大脑运行来看，人们在衣食不足的情况下，智商会下降，没有正常情况下的思考能力。

本来现今的日本衣食过剩，甚至有些多余了。我觉得，衣食太充足了也不好。无论在什么样的社会，充分保障一定程度的丰衣足食是至关重要的。

我听过很多对朝鲜的批判，实在不喜欢。但是问题的根本在于，朝鲜确实有很多人达不到温饱条件。虽说不像日本这么富裕，但如果拥有一定程度的富裕，情况就不同了。所以要求他们讲究礼节，实在有些强人所难，要求他们认真思考也有些为难他们。

小泉首相访问朝鲜的时候，收到过朝鲜送的大量松茸，由于太多只能扔掉。我对此很气愤。至少体谅一下送者的心情，哪怕返还回去也好吧！

并不是金正日本人采摘的松茸，而是朝鲜的国民采摘的。那对于他们来说，也是重税。

不管你再怎么不满意，丢弃松茸，丰衣足食的人不应该干吧？所谓的理解就是那样的。如果嫌返还太麻烦，送给日本不能满足温饱的人是不是会更好点？

肆 . 男女的问题

女性其实是男性的原型

都说“女性很强”，这句话从生物学上来看也是有根据的。男女一比，还是女人强。女人也很顽固，这与形容女人很强一样是有根据的。

免疫学家多田富雄说过：“男人是实体，女人是现象。”我认为这是一句恰如其分表现男女差别的名言，可谓一语道破天机。

换言之，女人的行动基于无意识，也可说是基于身体。男人是意识中心，靠脑子行事，易拘泥于抽象的事物。

比如，金钱是抽象的，社长、部长、科长等社会职能也是完全抽象的，都没有实体。

为什么男人容易为抽象世界着迷呢？从生物学上来看，这是因为哺乳类动物中雌性大脑的思维更加倾向于稳定具体的思维方式。

男女的不同取决于性染色体。女性由两个X染色体（XX）构成，男性由一个X染色体和一个Y染色体（XY）构成。

Y染色体发挥功能，性腺变为精巢，女性性腺则为卵巢。

性腺也叫性腺原机[3]。性腺变成精巢还是卵巢在胎生期的第七周便可成形。胎生期七周以内，从解剖学来看，没有男女之别，胎儿外观也只是像个爬虫类动物。

在胎生期第七周，Y染色体发挥功能，性腺原机变为精巢，也就是长出睾丸的地方。长成的精巢分泌抗缪勒试管[4]荷尔蒙。

这种荷尔蒙使缪勒试管萎缩，缪勒试管是子宫和排卵管的基础，由于它的萎缩，男性不会长出子宫和排卵管。在那之前男子体内也有缪勒试管，只是被荷尔蒙扼杀了。

3. 在个体发育过程中，将来要形成某器官，但在形态上、技能上还处于未分化状态的部分。

4. 脊椎动物的前肾导管或由体腔壁变化形成的中胚层性管，与中肾导管平行而生，雄性的退化，雌性的发达，成为输卵管。

七周以后，在男性荷尔蒙的作用下，男性生殖器原机变形为男性生殖器。男性荷尔蒙不起作用，就会变成女性生殖器。这样一来就会形成男女有别的性器官。

总之，男性是女性在荷尔蒙的作用下变成的，男性的原型其实是女性。

这一点非常重要。我们知道，女性染色体是XX，只需有一个X染色体发挥作用就够了。所以，女性的另一个X染色体处于未激活状态（即不起任何作用）。

男性的X染色体发挥功能，Y染色体也参与其中。Y染色体虽说发挥功能，但所起功能很小，基本上，只是使性腺原机变成精巢，产生睾丸，扼杀子宫、卵巢的形成。这样一来，只要外部条件发生变化，就会分泌男性荷尔蒙。可以这样形容，人只要放任不管，就会变成女人。可以说如果Y染色体不发挥额外的功能，人就会变成女人。在原本决定是女人的X染色体的地方投入Y染色体形成遏制力量，说得粗俗一点，就是强行使女人转变为男人。所以，男人的“搞怪”比较多。从统计数字来看便一目了然。

“搞怪”不是说无论什么都不会用功，而是说出现一些偏执、极端的人比较合适。生物学上的数据显示，男子经常占据着极端数字的位置，无论是体重、身高还是患病指数。说得好听点，是男性所占范围较广。

但是，比方说，畸形儿一出生就死亡的也是男性居多。一方面，女性有平稳性。所谓的平稳性，就是有稳定的形态，平衡性好。

男人是极端的

不仅限于身体特征，各种各样极端的社会行为，也是男性占多数。奇异犯罪的犯人以男性居多，暴力犯罪的男性人数是女性的十倍。实际上，与力气大小并没多少关系。

拿运动来说，比起女性，男性的获胜纪录更高，因为这也是极端。一般情况下，如果是男女混合比赛，则男性会获胜。当然，从平常运动来看，男性有瞬间的力量爆发力，拿重物也是男性在行。但是，像长距离游泳那样需要持续地消耗体能、精力时，女性更强。马拉松比赛中，女性获胜的可能性并非没有。

像铃木一郎[5]、松井秀喜[6]那样运动能力极端优秀的男性有很多。若以正规分布为前提，在两个极端方向的男性一样多。另外，那样的婴儿也有可能一出生就死亡。事实上，我们都知道男孩子因为容易患病而难养的古训，其原因也在于此。

总而言之，从生物学来说女性较强。不但身体强韧，而且适应外界能力也很强。

表现最明显的就是平均寿命。比起身体理应

5.铃木一郎，男，1973年10月22日出生，日本爱知县西春日井郡人，棒球运动员，效力于美国职棒大联盟西雅图水手队。

6.松井秀喜，男，1974年6月12日出生，日本石川县能美市人。2003年来到美国职棒大联盟加盟纽约洋基，守备位置为左外野手，因为受膝伤困扰于2009年秋季担任指定打击。2009年世界大赛MVP的松井是第一个要透过翻译发言的选手。

强健的男子，女性活得更加长久，因为女性更能适应现实。

适应现实，指的是不做多余的没意义的事。没有热衷于收集昆虫标本的女性。沉浸于昆虫世界，好像是男人的专属。不仅限于昆虫，收集这种事情基本属于男人的世界。收集火柴盒、标签、邮票等多余的东西也是男性居多。女性即使收集，也是以实用性物品居多。菲律宾的伊梅尔达·马科斯总统夫人收集的鞋子堆积如山，那也是主要以实用为目的，也只是穿完了剩下的东西，只是买得过多而不是都派不上用场。

女性的顽固也是基于生物学上的稳定性来说的，也可以说是拥有体系上的稳定性。

身体的稳定源于大脑的稳定。无怪乎产生口角时，即便男性说东道西、钻牛角尖，女性还是明显拥有内部的稳定。女性总是自信满满地说："随你怎么说，我就是这么认为。"这源于女性的顽固。

如果说，女性的社会评价较低，那是源于低

估了女性那种稳定性的文化。说“女人很顽固”时，显而易见低估了稳定性。但我本人认为，应该高度评价女性的稳定性。

当然，稳定也有其不足之处。稳定，说到底也只是自己，在别人眼里或许是自以为是，故而，社会评价会低。归根结底，也只是作为个体太顽固了，让人觉得难以相处。

在那样的一对一人际场合中，男方恐怕会想：“饶了我吧。”但是从更大范围来考量，只要是人，其顽固也不过如此。把认识范围比作一只手的话，手大到像如来佛祖那样，可以一手遮天的范围是不存在的。终归是要归于一定范围之内，在范围内的所有，便是社会的稳定平衡，也就是合理存在。可以说，在人类常识分布线上，女人是存在于中心的。

政治家基本上是男性的职业

说起政治家，基本上是男性的职业。其中小泉（小泉纯一郎）首相很极端，可以说是超级男人了。

据说，有许多政治家在选举的过程中，家庭也增加了新的成员——家庭中有小孩出生，是源于对投机性高的行为兴奋。前大阪府知事横山诺克[7]在选举中引起的强制猥亵事件，在这个意思上便说得通了。选举就是那种投机性高的事，不能说是什么好事。

可以说选举是盛典，政治家在选举中，正好变成了盛典之夜的男女。在盛典之夜，头脑处于非日常状态下的异常兴奋状态。

7. 日文: 横山**ノック** 英文: Knock Yokoyama(1932年1月30日—2007年5月3日)，原名山田勇，日本神户人。横山是相声说笑演员出身，他利用知名度获选为参议员，并在担任4届后于1995年4月首次当选大阪府知事，1999年4月竞选连任成功。但由于连任后被揭发猥亵22岁女性助选员的丑闻，迫使他在民事诉讼败诉后赔偿受害者1100万日元，并于1999年12月21日被大阪地检署起诉后辞去知事职务。2000年8月10日，被大阪地方法院判处1年6个月有期徒刑，缓刑3年。2007年5月3日7点15分病逝于西宫市医院。

那也是政治家经常陷入桃色事件的原因，难怪自古就有“喜欢英雄气概”的说法。追求权力的行为似乎有睾丸素这种雄性荷尔蒙在发挥作用。即使有些例外，但大体上女性对政治不太感兴趣。女权主义者把原因归于社会构造和歧视，实际上恐怕没什么关系。

睾丸素分泌过多可能会导致男性变得粗暴。男性杀人犯的数量是女性的十倍，我认为原因在于睾丸素的分泌。

睾丸素大量分泌发生在青春期。青春期有很强的暴力倾向。因为年轻，血气方刚，喝醉酒后杀死对方，这也是睾丸素的分泌所致。

我认为，不考虑睾丸素这种男性荷尔蒙，只从社会构造和差别来探求男女差别原因的某一时期（其实现在也是）的女权主义者实在很奇怪。

我认为，让普通妇女，占据社会认知的中心比较好。

您可能会说：“比起男性，女性虽说稳定，但看上去身体不是经常发生变化吗？”确实，女性有生理期，会怀孕，生小孩，正因为有这么多各种各样的变化，所以才需要维持稳定。太过复杂的机器容易坏，故而，选择了更加灵活的做法。

女人“头发长见识短”？

跟女性一样，动物也是顽固的。无独有偶，要改变它们的生活习惯并非易事。经常听说被丢弃到鹿儿岛的豢养狗一直追到北海道之类的逸事，说忠诚也的确忠诚，但也算得上足够顽固了。一旦决定养它，它便会追来。

世界上最早公开的解剖是在意大利的帕多瓦[8]实施的。当时，被解剖的两具遗体都是女尸。据说其理由是“更接近动物”。我重申一下，那么说的不是我，而是十四世纪的学者。现在，若是那么说，恐怕要惹火上身了。

8. 意大利东北部城市，化工、纤维等工业发达，有伽利略执教的帕瓦多大学。

跟动物接近也并不是什么坏事。女权主义者恐怕要发怒了，但那是对动物抱有偏见，算得上动物歧视主义者了。

实际上，也可以说是对身体的偏见。因为，随意决定了大脑优越和意识世界的优越，才产生了那样的偏见。

关于这一点，看看牛的世界便能一清二楚，因为不需要公牛。家畜中，只要几头种牛，接下来人工授精便可完事。家畜牛基本上不需要公牛，只需保存好精子来受精。偶尔，为了特殊场合配几头公牛，其余基本上是母牛。

坦诚来说，人类社会也同样可以如此。现在只是没必要，不然会出现全是女人的女儿国，要是那样，会更恐怖。

大体上，说起男性的优点就是浪漫。因为女性是现实主义者，所以比起女性，男性便是浪漫主义者。说得不好听一点，女性是近视眼。哲学家叔本华[9]彻底地写出了女人的坏，模仿“艺术长人

9. 德国哲学家，把康德的主观唯心主义单纯化，认为世界是自我的表象。

生短”，甚至写下了女人“头发长见识短”。

原因之一是跟母亲关系不和。据说他的母亲是怪人，以“一家不出两个天才”为理由，把自己的儿子赶出家门。按照她的说法：“这个家已经有我这个天才了，不会再出现另一个天才了，你给我出去。”这是多么荒谬至极的理论。也许因为发生了这样的事情，叔本华才会对女人产生厌恶情感，甚至出现了把寄宿处的女主人推下台阶让她受伤的事情。

也许，男人做的事太不现实了。

伍 . 孩子的问题

城市化与养育孩子

少子化其实跟城市化问题是连在一起的。现在的城市，房子越来越买不起，所以连养育孩子的场所都没有了，可以托管孩子的幼稚园也更是少得可怜。连这样一些硬件问题的解决都要花掉很多钱，而且大家都知道现在养育一个小孩确实是一件很不容易的事情。但是，有人又或许会说这样的话，给那些有小孩的家庭一些经济补助，问题不就解决了吗？但是事情并不是这么简单的。

狭隘的城市化，在一定程度上是排挤自然天性的。所谓的城市就是把大脑所想的东西具体化出来，正好跟自然是相反的。

而孩子是自然的，怎么理解呢？再对这件事稍加说明一下，并不是因为小孩是自己的所以自己可以设计这个小孩的所有，现在的医学这么发达，也并不能准确地知道孩子会何时降临，最多也就只能有个大致的预测日期。这与根据设计图来制造一个机器人是完全不同的。

自然之所以为自然，是因为拥有跟人造物所不同的价值。这个道理对大多数人来讲并不是那么难以理解吧？孩子是自然的，所以孩子也有其存在的一种价值，这样的道理应该也是成立的。但是，跟所谓的自然又有所不同，对于孩子，大人们总是在想："怎样利用孩子呢？"

"孩子天性"的消失

孩子本身的价值不被认可和违背自然规律、顺应都市化，二者相同。所以在都市化社会中，开始找不出"孩子典型特征"的价值。不过，不被社会接受的"典型性"，并不仅限于孩子身上。有人说，因为"男人的典型特征""女人的典型特征"这样的说法带有封建色彩，所以也不行了。但是承认"典型性"指的是，承认那个对象根本的价值。

“典型性”遭到否定，就意味着孩子与其像孩子，还不如更接近大人。都市化社会更早地要求孩子变成大人，因为他们只承认孩子作为成人预备军的价值。人们开始不再认可孩子作为孩子本身特有的价值。

这和认为树木移植到城市之际，笔直生长的树木比较好的想法相通，都是一种任性。这不是在承认树木的价值。您明白方便人类的树木生长的方法本身是不具备树木典型特征的吗?

孩子本身特有的典型价值在以前尤其得到认可。但像“上天的宝物”“天赐之物”这样的词我从年轻的时候开始就已经少有人被提及。这和人们开始公然实施人工流产也有关系。

例如孩子的本质价值在于纯粹。像这样的孩子的典型特征，现代人不再承认其价值。人们不再想说，不管怎样都要娇惯孩子。电车里也有碰到没有家长看管的四处奔跑玩耍的小孩，如果也接受小孩的这种价值，那着实是很让人为难。和小孩子接触，会想到“真拿他们没办法”。但若是事情就只是这么训斥抱怨几句就完事那是不可能的。所以，想到这点，我们就应该明白，从根本上接纳他们才是最重要的。

即便如此，还是有年轻人会这样说：“那又有什么好事吗？”这个问题关乎将人生价值置放到何处的问题，也是在问个人将价值置放在何处。

日本以前施行家族制度，重点放在一代代延续家族上，因此孩子是必要的。但像现在这样只要想想当下的情况，对大人社会来说，就没有必要要孩子了。所以产生少子化也是情有可原的。

现在孩子多的人可能会在某种意义上觉得自己吃了亏，大概也有这样的一面吧。因为太忙于照看孩子可能会耽误事业。如我一开始说到的，单纯看经济方面，生活也很辛苦。但是，有这样的不利点，也就有好的方面。这样想的人越来越多的话，少子化的问题自然也就解决了，不是吗？

和恐怖问题一样，很多人不再一元地想问题，自然就离问题的解决近了一步。这才是真正的解决吧。

近来我养成了一一列举同一原因引起的现象，并将其问题化的习惯。但即使结果的表现方式千差万别，其根源却只有一个。例如没有专门的托儿所，自己工作又那么辛苦，对于现在年轻的爸爸妈妈们都是大问题，然而问题的产生缘起都是因为没有认识到孩子存在的价值这一点，只想把孩子外推给别人。针对少子化的对策，增加预算，提供援助之类的虽然也不是坏事，然而这都是些小聪明，没什么意义。

问题反而出在人们的想法这里。从更广的视角来看问题的话，我认为我们原本有必要有如此多的人都住在城市吗——这种想法比较好。

教育在某种意义上应该要严厉

在我的孩提时代，也就是“二战”后，紧接着进行的是重视孩子个性的教育方式，认为重视个性就是重视孩子本身，所以，父母不教孩子们任何东西，这在《〈现代家庭〉的诞生幻想系家庭论的死》（岩村畅子著 · 劲草书房）一书中进行了详细的阐述。岩村仔细地询问了现在 60~70 岁的母亲对女儿进行的是怎样的教育。她们自“二战”结束到高度成长期间一直在抚养孩子，她们的女儿现在也已经是 30~40 岁的母亲了。

在此我们可以了解到母亲其实什么也没有教给女儿。教育在某种意义上即为严厉教育。然而如果以因为孩子们都有个性，必须采取与之相对应的教育方式为前提的话，则什么也教不了。

比如在教茶道的时候，不能给她们与师傅做法相反的选项，总之只能让她按师傅的做法做，这不可能是与孩子个性相适应的教育。例如，如果有学生提出自己的膝盖弯不了，无法正坐的话，不好意思那你还是放弃茶道比较好。不然只能找认同此说法，坐在椅子上教授茶道的师傅了。

读了《〈现代家庭〉的诞生幻想系家庭论的死》之后便了解到，在“二战”结束后严格教育马上就不再流行了。当然造成这样的结果确实是出于对在战前到战中进行极端教育的反省。正因为极端，所以促使无法正确判断的年轻人们进行反攻。但是我觉得，这一反省的结果导致教育向另一极端的方向发展。

别把溺爱孩子和重视孩子等同

以教育为首的孩子问题的原则是以孩子为中心来思考。以孩子为中心，主要是真心地考虑孩子们的事情。其实这等同于考虑婴孩的真正需求是什么。

孩子们在以意识为中心的社会中是无意识的存在，在某种意义上像动物一样。婴儿对人类社会的规则一概不知，也无法进入这个社会。

慢慢学习语言，然后适应社会规则。婴儿是在此之前存在的、自然的东西。然而意识中心的社会思维方式中，自然本身存在价值的思维方式消失了。

保护自然、保护环境与保护孩子们是一样的。当然并非打算把孩子们当成纯真的天使，也有看成不起眼的小屁孩的。

但是，我们必须把自然作为自然认可，并去拥抱它。大人们当然也还残存着许多的自然要素，现在身体就是自然。只是孩子们的自然度更高一些。

很少有人跟保护自然唱反调。当我们看到大量开辟山林造成秃山后，就会感到“不应该这样破坏自然啊”。不应该如此破坏孩子们纯真的天性。

如果说跟以前相比孩子们更受重视了，这是

说谎。这只是把溺爱孩子与重视孩子混同在一起了。类似于选择对电车上制造麻烦的色狼保持沉默和重视这类事件的发生等同起来了。

例如，人类创建了一个彻头彻尾的汽车社会，其结果是，孩子们就无法稀里糊涂地出门了。但是谁都不会说“这也太奇怪了吧”这种话。

或许许多人在某种程度上认为不让孩子们走路，让他们坐车就算重视他们了吧？为了避免在外面遇到危险的人，而让孩子们在家玩游戏。来客人的话，孩子就吵闹得不得了。以前的话会说“去外面玩吧”，然而现在会说“去看电视吧”什么的。不会考虑这么简单地对孩子们可以吗？

这样可以吗，自然不只是“这么对孩子可以吗”，实际上是对自己这样可以吗？

大人的要求会得到优先考虑

在我知道的当地一家幼儿园里发生过这么一件事。在这个幼儿园每月有一次做便当的日子，其他时候都是学校供给，只有这一天是让幼儿园孩子们的母亲做便当。这么说来，母亲为孩子做这点事情好像是某种象征性的东西。这既向孩子们传达了“你妈妈是为你做的哦”，也告诉母亲们请时常为孩子做点便当。对孩子的教育和对母亲的教育，有着这两方面的意义。

但是有的父母去官署说这是不正常的。保育是福祉事业，而且还有营养师，饭食应该全由保育园做。好像是说，为什么非要父母做便当，不能这样下去一样。

那个人的肺腑之言是嫌麻烦吧，但是这种原因现在看来是不成立的。说保育园明明从自治体领取供餐费还让父母做便当真是不讲道理，请好好提供服务。

这样的牢骚并非直接对保育园说的，而是向市里说的。于是这回市里派人来园里指导来了。

但是以孩子为中心考虑，就觉得母亲的便当一月一回不也挺少的吗？至于孩子想吃母亲的便当还是不想吃母亲的便当就另当别论了。因为便当日是类似一种精神运动的东西。

结果，作为市政府方面的判断，得出了现状和要求加起来用二除的结论，也就是将便当日定为两个月一次。在此大人的情况得到优先考虑，偏离议论的焦点问题得到折中解决。

爱护孩子

重视孩子是怎么一回事呢？我认为这是“爱护”的问题。

所谓自然的东西并不是指我方从根本上全部

理解对方的构造。修理车的时候要怎么办都是知道的，但自然的情况就不能那样了。

所以发生什么不明就里的事情的时候，只能观察对方的反应来相应对待了。这是一件非常费时间的事。

母亲为什么会聒噪？每天不厌其烦地说个不停，不能那样、不能这样，要这样、要那样，因为孩子每天都必须要那样呵护的呀。

孩子也有健壮的地方，但说到脆弱也是非常脆弱的。这点小儿科的医生是清楚的，孩子的病都发展得很快，刚稍微有点发热就死去了，像这样病情急变的事很多。

换成是车的话，换掉坏的部分于目前不会有什么影响，但若对方是自然的话，就只能看着对方每天一点一点自我修复了。这和培育水稻相同。

据说水稻靠太阳光、水和肥料生长，那么置之不理又会怎样呢？容易造成水稻以外的东西拼命生长，变成一堆杂草。结果，只能每天去水田拔掉杂草，驱逐蝗虫。

为了将这种维护做得更好，耐心是很有必要的。必须承认对方的存在，不能把它看成是自己的附录。

正常点的父母，都会认真思考自己孩子来到这个世界的意义，陪伴孩子，引导孩子。能做到这些的话，小孩都会健康成长。而自己在头脑中思考的东西和实际的行动之间有时候又会产生背离。这样的过程叫作“那样做最后却变成这样”式。因此，一切都变得不能顺利进行，也看不到自己与孩子之间的感情有什么进展，因为里面有误会没有解除，所以悲观地认为，自己辛苦的养育却没有换来孩子的感恩。

结果必然式

“那样做就会变成这样”式的思维方式指的是意识中心社会独有的思维方式，也可以说是都市人容易陷入的思维方式。因为航天飞机和火箭是“那样做就会变成这样”式的样板才得此评价。

确实，人类那样费尽功夫，好不容易将火箭发送到了月亮上，仅此就很了不起了。但某种程度上明白道理的人又会在道理上变成这样，只会想肯定会变成这样的。反过来考虑的话也可以说成是无聊的结果。

想着飞到月亮上，要是飞过了，飞到火星上的话会很让人吃惊。实际上生物有这种不可能预测到的地方，火箭却没有，只有预测到的成功或失败。

旅行也是好好制订计划，然后照此进行的。

有人因这种说法而高兴，我却认为这种旅行无聊，也不是说迷恋时刻表的人不行，毕竟人的喜好千姿百态，无须在意。这是自由的。但是世上的原则由“那样做就会变成这样”式支配绝对是不正常的。

当然，若全都是不明意思、不可预测到的事情，世间也无法运转了。旅行也是如此，若不带钱，不会读时刻表也不行。“那样做就会变成这样”式做事的人若太少，人世也就不运转了。

但最好明确这个原则通行的范围比我们认为的要小。若这个变成了第一原理，事情就不妙了。

这在无形之间就联结上了原理主义，所以必须经常有意识地注意到，也因此，我才一直说这个事。

并非“大风刮来个聚宝盆[10]”但“那样做就会变成这样”式的蔓延是和少子化联系在一起的。孩子是

10. 风刮起沙尘，使盲人数量增加。盲人所用的贴三味线的毛皮需求增加，导致猫的数量骤减，老鼠大增。而老鼠啃桶，又使桶店生意兴隆，大风刮来个聚宝盆。比喻意想不到的结果，或不切实际的期待。

即便那样做了也不会因为这样的存在，就会有再怎么拼命劳作，大米收成还是不好这样的事。说到工资和劳动不相称，公司职员会愤怒到甚至去状告公司，但农民却不能去起诉天道。

每天照看孩子很辛苦，精力集中在公司的工作上，孩子就容易被留置在家中。两者很难协调。但是，每天不停地照顾、照看孩子情况的话，父母一方身上就具备了努力、忍耐和毅力。当然这对父母也有好处。

孩子的情况是不能通过计算完成的

所谓孩子的价值下降，和大自然的价值下降是相同的。

这和人类从不得不接触自然的状态中脱离出来有关。通常所说的一次产业必然要接触自然，直面自然并对其进行维护，也并不特别限于农业和渔业。在矿山挖个洞塌方了也没办法，所以为预防这种事必须要做各种工作。这也算维护吧。

绝对没问题的洞穴是不存在的吧，在这里预先加上梁就会没问题了吧？我们不断做着这样的事。掌握了这样的工作再应对孩子就轻松了。因为原理是相同的。

但若是换成全部通过计算来处理事物的 IT 产业，事情就完全不同了。操作这样的装置，引起这样的事态，发生那样的事态，全都通过计算完成。这是“那样做就会变成这样”式的工作。拿到股票，是高价出售？还是从对方取钱？总之这种情况下是赚钱的，这样的计算是成立的。但要说到孩子的情况，这就行不通了。

欺凌由创建城市引起

都市化也成为欺凌问题的原因。欺凌不是现在才有的东西。现在常有的说法是阴性过分到有自杀的，这真是不好的现象，说以前是阳性的。

但这里，情况又不能混为一谈，因为以前受到欺凌后，有可以避难、转换心情的场所。

总之，人类为了生存必须要做的事可以分为两个，面对自然世界和人类世界。

厌倦了面对人类的世界，可以逃到自然那边。这是一种办法。假设学习不行、不擅长运动，而摸鱼、抓虫在行，以这样细小的事为契机，受欺凌的孩子也会受到大自然的照顾，从不愉快的情绪中走出来。

这样的世界变成了一半，也就是只剩下了面对人类的世界。

面对人类的世界、面对自然的世界，各有积极和消极的一面。欺凌算是面对人类世界消极面的一例。面对自然世界的消亡，意味着面对人类世界的消极面相对扩张。因为以前是世界的四分之一，现在变成了世界的二分之一。

读过一位女性写的中学时期被欺负经过的书，

发现了其中有未出现的因素，那就是有关自然中的花鸟风月这些，都没有提到。于是了解到，被欺负的本人并没有将目光投向自然。在她看来世界只有一半，所以被欺负相对变得严重也是理所当然的了。

当然自然也有消极的一面。洪灾啦、打雷啦，这样的事是自然的消极的一面。积极一面嘛，晴天出去走走就知道了。

同样的，面对人类的世界也有积极和消极两面。受到老师表扬、得到父母称赞、领到零花钱，这些都是易懂的人类世界的积极面。而遭到老师训斥、挨父母的揍、被朋友欺负这些都是人类世界的消极面。像这样便存在了四个世界。

在那本书中，这位女性作者写了很多老师说了什么、朋友说了什么这样人类的事情，多得让人厌烦。但是，那天是下雨，还是刮风，是月夜还是暗夜，这些却没写清楚。在这样的世界里当然欺负的感觉会更强烈一些了。

当今是孩子们可以去夏威夷、关岛的时代，可能因此感觉世界变广阔了。但这是不对的。为什么呢？因为那不是日常的事情。总之，谈论天气自然这类话题的人很少，是因为日常生活的世界变得狭小不堪了，人们不再关心自然。

多亏上了年纪，才不被欺负了

和这样的孩子间的欺凌不同，也有被欺负的大人。我就有这么一位成人了还为此烦恼的熟人。他现在是大学教授，以前被欺负得挺严重。欺负的理由旁人一看就明白，因为就连我都想欺负他。所以不管什么时候，你问他："被欺负了吧？"他定是不出所料地回答："被欺负了哟。"就因为被欺负的缘故，他几近被调出工作的大学。

这种情况，是他自身有易受欺负的坏毛病，他有比较迟钝的地方。不同于孩子之间的欺负，这不是单纯的弱势，而是因为他有让别人焦躁的地方，所以才被欺负。他本人却并没有意识到此点。

尽管如此，他本人若是强势也不会被欺负了，可他比较弱所以被欺负了。在这点上，他给别人以可乘之机。有了这样的缝隙，别人就来欺负他了。

要说为什么不能防御，看了下文就明白了。被欺负的类型只能按照自己的思路理解事物。你一定会想："为什么只有我被说来说去呢？"这是因为你自己有着诱发对方嗜虐性、萨德性的特性吧。

当然，这个理由是否正确合理另当别论。当然可能不正确的成分多。但现实中确实有那种容易招致欺负类型的人。

比如说，这个人的特征是不管对方关不关心都一味喋喋不休。但如果是那种饶舌的职业的话，会非常有条理地长聊。这样不好。这个时候没有观察对方的反应，以自我为中心了，而且还绝不是态度强硬。这样的人在大学里也经常被欺负。

以自我为中心的一味饶舌，在某种程度上是

在忽视对方。在对方看来，在某种意义上，自己已经成为潜在的被害人了。所以作为反击做出了加害行为，仅看这部分就变成欺负了。对这样的变化不自觉的人会成为被欺负的对象。

这样的欺负在孩子中应该也有。实际上也存在被欺负一方有理由的情况。意识到这一点就有解决之策了。

不过，因为外貌、身形和出身高低的差异而受到欺凌，也是有很多的。这就不是欺负而应该叫作歧视了。对于这个本人没有责任，是不能予以容忍的。

不可思议的是，因为这些因素导致的被歧视，在长大后都会得到纠正。感觉我的熟人也是多亏上了年纪，最近才不被欺负了。这就说明他开始成熟起来了。好像这些本就已成大人的人就该成熟了，我这么说也没什么意义了。

陆．钱的问题

没有金钱买不到的东西吗

有这样一种说法："无金钱不能买之物。""直播之门"直播的富士电台收购风潮发生之时，我早已有所耳闻。这种想法本身并没有错误。稍微详细点来说，对于抱有"只有金钱能买到的东西才是现实的"这种想法的人来说是正确的。在这种认知下思考，当然是"无金钱不能买之物"了。

这种人认为，只有金钱能买到的东西才是世间确确实实存在的东西。如此理解，"无金钱不能买之物"便无虚言。

但，实际并非如此。这与"只有能意识之物才是现实"这句话如出一辙。

所谓的经济领域基本上都在大脑之中。无论是灌入耳中的信号，还是映入眼里的信号，在大脑中都是相同的。也许，你对此见怪不怪，但实际上，那只是人类才有的机能。动物基本上没有此种机能，动物的各种感觉是不同的。它们只有区别感觉的所谓“异化”机能。所以动物是绝对的音感生物。

在人脑中，什么都能变成金钱。“一元”这个单位归根结底也只是无异于神经细胞的兴奋。所谓的变化指的就是同一化。好比拼命工作一个月的月薪等同于一台个人电脑。通常，把一个月的月薪同一台个人电脑画等号，你会觉得不可思议吧?动物是绝对不会把二者等同的。

但是，在我们的头脑中，月薪等同于电脑那种想法，我们从来不把这当问题来看。而尽量把二者等同，这是有些简单粗暴了。人类创造这种意识先行的世界，并为之冠名都市、文明、进步云云。

也许会有很多这样的人，即使想要反驳“无金钱不能买之物”这种说法，但还是会想“只要有钱”。一旦真的苦于没钱，就会那么说吧！但那种场合之下，应该改变一下想法的。如此大事，为何一定要金钱解决？只要想想既然金钱可以解决，便不算什么大事，不就是金钱那点事吗？

存折里有余额可不是一件好事情

我对金钱的憎恶不是一般的。因为母亲的欠债，曾经遭过不少白眼。大概我还是大学教育学院学生的时候，因为欠债引起了纠纷。

拉母亲做保证人的债主逃跑，只给母亲留下一屁股债。

因此，我时常替母亲去给人家谢罪。无奈，人家说，既然你母亲无力偿还，你当儿子的就得靠工作还钱！

我认为，如果我把钱贷给对方，获利的会是对方。年轻的时候，我经常为一个问题感到困扰：存折里有余额可不是一件好事情。我想着政府是按照实际需要的金额印刷的现金，如果我的存折里存下了钱，总觉得哪里怪怪的。

如果大家都这么认为，老人们就不会白白把钱存进邮政储蓄，几经转手变成不必要的桥和道路了。

到手的钱花了就好，我就是这么认为的。所以刚结婚不久，妻子听说我没有存款，曾一度瞠目结舌。

“无金钱不能买之物”和“金钱是所有”表面上看似一样，实则相差一二。人们经常混淆这两句话。

若站在“金钱是所有”这句话的立场上，那自己的行动就要靠金钱来规定了。行动的基准就变成能赚多少钱了。所以，便会认为捕虫堇[11]之类的效率太过低下，用它未免太过愚蠢。

把用捕虫堇捕捉昆虫的时间用来赚钱，买个标本不就够了吗？那么想，实则行不通。那样做，

11. 狸藻科（Lentibulariaceae），低矮草本食虫植物，可直接称为捕虫堇，是一种黏液型的食虫植物。

一则没什么乐趣可言，二则买来的标本也没什么实际意义。买来的标本不接近山陵，没有风，没有日光，没有当时捕虫的气味，更无法联想起虫子生存周围的生物的全貌。那样的标本是死的，不会留存于记忆。从最终交上去的作业来看，即使是在显微镜下认真观察的过程相同，但是观察者自身的感觉是截然不同的。

用金钱收集到的标本里即使有很多有趣的昆虫，但是那也只代表拥有，与存折上金钱的数额并无二致。因为存折上的金额，只是能看到一个数据，只能给人一种有使用权的快乐，这种情况还只存在于在使用的时候，有种想象的乐趣而已。

本以为会有金钱的使用权，但不知何时被政府悄悄地用掉了，这就是当今日本的现状。所以，日本政府有七百兆日元的债务，这七百兆日元的债务，使用的是日本国民的钱。正好是我过去所担心的剩余的钱。

“无金钱不能买之物”

比起说“无金钱不能买之物”的人，知道金钱以外的人对现实有更广阔的认识。金钱可以买到的东西林林总总，但还是有买不到的东西，还是这样想会比较好。

这样一想，生活也会变得有趣味。人类本来是靠金钱以外的动机采取行动的，可惜很少有人这么想。

因为他们不明白金钱只代表权力。金钱能买到物事，但不可能买到成就这件物事的乐趣。买来棒球俱乐部，强行坐到四号也打不了棒球。

认为“无金钱不能买之物”的人，一定也认为金钱可以买到死尸。但实际上买不到，而且还会很麻烦。

“金钱能够收场的事就是小事一桩”，有这么一种说法，实际上也是如此。若是吃了金钱解决不了的苦头，拿金钱可以解决的自然算小事一桩了。毋庸赘言，自会有这种说法，只要有钱就可不吃苦而完事。

到了老大爷的年纪，还那么想的话，真可谓朽木不可雕也。学者也容易陷入类似想法。学者不认为“金钱是所有”，而认为“大脑乃世界之所有”，但并非如此。

人类社会总会产生那样的人，如若极端分工化，便会出现偏执的人。宗教所起的作用正好是纠正那种偏执。而那种人的出现，与宗教势力的变弱不无关联。

经费能买到研究成果吗

对此，关于大学的研究经费我写过很多东西。说起来您也许不乐意，但那种给予庞大研究经费的工作，是研究经费所做的，而不是你们做的。

在同等能力的条件下，给钱的一方一定会做得更好。如此一来，在某种程度上，研究就是金钱可以买得到的了。接下来，便会纠结于“金钱买不到的研究是什么”这个问题。

换句话来说，就会碰到何为真正的价值这个问题，也就是到底什么东西是你才会的。

这个问题，直接关联于人类因何而生这个问题。自己的行为能否赚钱这件事，被一种偶然性所左右，被当时的状况所左右，这个问题是众所周知的。

柒．心灵的问题

心灵创伤是否应该医治

经常耳闻“心灵创伤”这个词语。

我觉得，因为那种伤多数和肩酸一样，因为有了肩酸这个概念才会有人在意。我怀疑人们到底有几分当真。

我经常说起与父亲的去世相关的话题。话说，经历了父亲的去世，我变成连基本的寒暄语都不会的小孩。总之，由于那次幼年时期的经历，我之后的行为彻底发生了变化。那样的事，用当下流行的话来说，就是“心灵创伤”“精神创伤”吧。

那并不单单是因为有过什么痛苦的体验留下了精神创伤，患有精神创伤本身有其缘由。简而言之，是抱有这种想法：因为我跟父亲道别了，所以再也不能相见了，是我害死了父亲。自此之后，我便产生了“一跟他人寒暄，便会害死他人”的恐惧心理。虽然有些荒诞无稽，但我确实是那种心理。而且总觉得这种心理会使自己和相处的对方都患上这种精神创伤。并非患有精神创伤就难以存活下去，总有一天，本人会意识到的。

当然，会有人说，比起自我意识下的治疗，还是交给他人监督治疗比较快。如果自己不做一次彻底思考的话，终究还是一种无效治疗。心理学家河合隼雄说过，说是咨询，其实也只不过是听说话而已。河合先生的意思是，归根结底，对方也只不过是本人自我发现的一个助手而已。

而那样的助手，只有河合先生那样有相当丰富职业经验的人才做得来，一般人想帮助别人治疗心灵创伤绝非易事。强行过度干涉，其结果只会适得其反。心理学家弗洛伊德最在意的是，让女性患者产生恋爱情感。所以，有治疗成效明显的，也不乏产生相反效果的例子。

说到底，心灵创伤这东西，靠自己治疗最重要。最近，总有人想通过别的什么人来治愈，所以，越来越多的年轻人想变成心理治疗师或者咨询师。

对于心灵创伤严重的人来说，当然有必要施以外力。但是，我觉得对此已有人过分关注了，以至于达到任性的程度。

拿我的情况来说，虽然有心灵创伤那样的东西，但并不是遭受了多么大的灾难。当然有可能受到了一定的伤害，但并非全是负面的影响。或许，通过非社交这种形式，思考问题变得内省了。只是，在这个过程中收获到的一些东西，会把它作为一种理所当然的存在而没有去关注罢了。

心灵疗伤这种想法的扩散

随着 PTSD（创伤后精神紧张性障碍）这个词汇的引进，心灵疗伤这种想法逐渐扩散开来。有的人说，我在神户地震和之前的战争中都遭受了同样的灾难，但这次的地震灾难给我带来的心灵创伤更严重。有人写道：虽然能把战争归咎于什么人或国家，比如东条英机、美国，而地震灾害却不能归咎于什么人，所以会造成更加严重的心灵创伤。怒气没有发泄对象，所以会留下心灵创伤。

读罢，我有一种奇怪的感觉。在阪神淡路大地震[12]之前，日本人也曾频繁遭受地震、火山灾害。所以对地震造成的伤害感到“无可奈何”，便索性“听之任之”。

阪神淡路大地震给受害者造成了很大的心灵创伤，而传统的因“无可奈何”形成的“既往不咎”思想却已经发生了变化。这似乎与都市化进程也有一定关系。大都市的市民不把责任嫁祸给他人是不会善罢甘休的。因为都市是人建造的，所以只要发生什么不好的事，都是别的什么人造成的，总会得出这样的结论。

日本人似乎已然忘记了既往不咎这样的心灵

12. 1995 年 1 月 17 日 5 时 46 分，位于日本国关西兵库县南部的淡路岛（在从神户到淡路岛的六甲断层带上），发生了里氏 7.2 级的地震。其震源深度 10~20 公里，系直下型地震。这是日本关东大地震之后 72 年来最严重的一次，也是日本战后 50 年来所遭遇的最大一场灾难。

美德，现在的日本人离我们的先辈愈来愈远了。

原本，在全世界范围内日本人应对灾害都是很坚强的。

说起原因，根据历史记录，震级六级以上的地震有一成发生在日本，火山喷发也有两成发生在日本。而日本的陆地面积不超过世界陆地总面积的四百分之一。在仅仅百分之零点二五的陆地面积范围内，发生了占到一两成的世界级灾难，可谓灾难相当严重的国家了。我们日本国民祖祖辈辈生长在这样的土地上，本来对于灾难的耐性是世界第一的。

有一个叫作斯彦逊的丹麦人在江户时代访问过日本，他目睹横滨大火灾之后的日本国民，写下了感言（《江户幕末旅居记—— 年轻海军军官所见之日本》），经历了近乎全城被烧毁的大火灾之后，日本人迅速重新振作。他的描写如下：

日本人长存永恒之乐观与坦然，对于遭受之不幸绝不慨天叹地浪费时间，即便尽失所有之物。

斯彦逊对日本人的沉着与冷静佩服得五体投地，甚至定论“日本人可谓宿命论者”。

当时不论大地震还是大火灾，日本人都能迅速重新站起来。对此，外国人看起来甚至觉得不可思议。如今想来，日本人在那之后，逐渐向外国人靠近了。

焦虑情绪会散发出气味

不同于灾害，“惨无人道”那样的人所犯下的罪责更加引人注目。极具代表性的案例就是大阪·池田杀伤幼儿事件。我觉得，最近即使不像犯人宅间守那么极端，但无理易怒的人和焦虑的人变多了。

去了乡村，那样的人相对少些。原因之一是乡村人与人的接触没那么频繁。人与人的距离一缩小，就容易焦虑。

从科学角度考虑，有可能人与人之间相互释

放一种避讳物质。大量的人聚集，实际上会释放出某种气味。这种情况下，人的身体会发出“小子，滚开”这种信号。只是人类的鼻子没那么灵敏而意识不到罢了。

可以把释放出的物质称为“信息素”。为什么越害怕动物的人越容易被动物袭击呢？因为害怕动物的人，面对动物只是会突然发出“小子，滚开”的信号。

动物本身也会想，这个人随便接近俺，肯定不怀好意，所以会发怒。不害怕动物的人见到动物会冷静是因为不会产生那种信息素。小孩子接近非洲象，而大象也无动于衷。因为小孩子对大象没有恐惧感，所以大象本身也不会觉察到危险。

当然，被狗穷追不舍的人之中，也有单单被狗咬的，但也有人是自身发出了“小子，滚开”的信号。现在的狗狗，因为它们本身也可能感受到你给的压力和胁迫而感到焦虑，以至于咬人。

知道人类在无意识中受信息素的影响，也是

近期的事情。但是自古那种情况就被当成一种现象广为人知。例如，寄宿学校的女生集体宿舍里，女生的生理期都一致就是这种现象。只是大家相互不说也感觉得到而已。无疑，就是因为共同感觉到相同气味的证明。

动物也有此种情形。例如，给怀孕一两天的小家鼠体内注入别的雄性小家鼠的精子，就会导致流产。雄性精子什么都没有做，但是会造成前一只雄性小家鼠的胚胎流产。那也是因为新的雄性小家鼠所发出的信息素所致。而仅仅刺激在鼻中隔内的感知信息素的嗅觉器官，就不会发生流产。

雅各布森器官

最近了解到，嗅觉器官不仅仅是鼻子，还有叫作“雅各布森器官”的器官。

蛇的舌头分为两部分。那种分割式的舌头，把气味和别的信息传达给雅各布森器官。蛇即是以此种方式来了解感知物质的气味的。

人类的口和鼻之间有叫作“口盖”的器官。这个口盖在婴儿时期形成，普通的哺乳类以外的动物都没有。因为蛇没有口盖，所以把它的舌头归入雅各布森器官。人类也有可能通过鼻中隔前端的雅各布森器官感知信息素。当然感知信息素的可能不仅仅是雅各布森器官，很可能还有其他嗅觉器官。

我们知道，对于化学性传播的意识，人类远远低于动物。感觉之中，视觉、听觉和触觉通过神经末梢将信息输入大脑新皮层。而嗅觉和味觉，只有一半最后能上升成为意识情感。

也就是说，嗅觉和味觉得到的信息只有一半会输送到大脑皮层，其余的一半通过鼻和舌进入叫作“边缘系”的老皮层。关于气味和味道的词汇不够丰富也缘于此。所以形容气味和味觉的词汇意外地少。

嗅觉和味觉本身不能构成语言，因为语言是

大脑新皮层的功能。虽然有香水，但是不能以香水传达语言性信息。视觉有文字，听觉有声音，触觉有盲文。但是嗅觉和听觉没有对应物。因为不能发明用气味传达“喜欢这种气味”“厌恶这种气味”的语言信息，靠气味自身不能发明语言。只能说“玫瑰那样的”“香皂那样的”，通过比喻什么来传达信息，经常是那样一种情况。

边缘系中处理嗅觉的是情感的中枢神经。也就是说，是决定好恶的部分。掌管记忆的海马体也是边缘系。

至于边缘系这个名词的产生，大概是由于大脑皮层还是一层膜的时候，处于大脑边缘部位的缘故吧。随着大脑的进化，中间的新皮层部分逐渐增大。周边剩余的部分就是边缘系。当边缘系大于中间部分时，人会变得聪明。这一点跟人类进化很相像。

因大脑而异

边缘系中叫作扁桃体的部位，是决定食物好不好吃或是好恶的器官。以更加简单的语言来说，扁桃体是跟好恶、憎恶等社会伦理观密切相关的部位。

有很多连环杀人犯的扁桃体活性都高于常人。总之，就是好恶的能量更强。恐怕宅间守的扁桃体比常人的更加活跃吧。大概他的大脑活动方式本身就不同于寻常人。我认为宫崎勤[13]与宅间守的大脑都有必要细细检查。关于这一点，我在这本书和其他书中都反复强调过。

我并不是要制造出具有宅间守、宫崎勤那样的大脑的人。只是认为仔细调查后，人的将来有可能会改变。这样做也可以帮助他们了解自身。我知道自己的言行恐怕已经惹怒一部分人了。

即使说将来会改变，也并不是要抹杀那一部

13. 宫崎勤事件：1988年－1989年发生于日本东京都与埼玉县，四名4～7岁的女童，被诱拐后杀害。日本警视厅命名为：117号事件。后来此事件在日本被称为："东京·埼玉连续幼女诱拐杀人事件"。

分人。比方说，赤手空拳教一个人的时候，你会指示说："禁止使用暴力。"同样，对于长着那样脑袋的人，你应该告知："你有那种倾向，请注意，很危险，不可以殴打他人。"

或许您会想"通过大脑最初鉴别别人吗"，认为这是一种危险的思想。但是，有这样的情况，父亲患癌症的人会被告知："你家有癌症遗传基因，请注意。"若你有糖尿病的征兆，有人会提醒你少吃油腻食物。我们不能说那是对糖尿病预备军的人权侵害。如果您无论如何都想吃油腻食品，那您随便吧。

也许您会感觉把大脑特别对待有种差别感，其实这与每年应该去进行健康体检一样。人们或许会马上认为大脑和身体不同。在关联到大脑问题之时，会说出大脑神圣不可侵犯之类的话，主要是把那看成了忌讳。

大学里集中了一批偏差值很高的人。单单是一群血气方刚的家伙吗？非也，普通是以成绩来筛选的，那能叫作差别吗？

捌 . 人间关系的问题

为什么焦虑的人在不断增加

焦虑的人不断增加的原因是，在与大脑特性无关的场合，不把问题归咎到自身反而怪罪别人。

把责任归咎于别人这种倾向在城市尤为明显。因而诉讼案件随之增多。在农村走路不小心被石头绊倒，顶多会怪自己注意力不集中而生闷气。若是发生在银座，就会想竟然在这种地方放石头，一定要起诉你。这就是差别。

城市里只会放置人造的东西，所以一有什么不痛快的事发生，就可以把责任归咎于他人。而阪神淡路大地震的发生不是人为原因，不能归咎于他人故而留下“心灵创伤”。

被石头绊倒是很自然的事情，没办法，想开就是了，可偏偏有人不死心。如果不死心，上了年纪也不退休，抱有一直死守现职位这种愚蠢想法的人增多了。而古代的人都是满心欢喜地挂着名誉职位的。

退休制度的必要性

前首相中曾根被小泉首相强行退职之后大怒了。虽然前首相本人说了还有未做的事，但旁观者也看着有些不耐烦了。日本多年以来的传统，对老年人难以启齿，说出“为了让你从这个浮躁的世界脱身，还是隐居的好”，已经很难高明地说“您上年纪了，请退休吧”这样的话了。

本来使之成为制度的是老年人退休制度，但老年人光借此还是不肯隐退。

往后，有必要创造“老人文化”这种东西。比如，关于退身方法，自江户时代一直有“隐居”这种制度发挥着作用。因为有那种文化，所以老年人很巧妙地退身了。

至今虽然有退休制度，但运行得明显不如往昔。因为在老人中，有“想一直意气风发地工作下去”的这种风潮。但是，我们确实应该考虑一下老人退身的良策和快乐的老年生活方式。比起让老人生龙活虎地工作，还是让他们不用忧心忡忡而心满意足的好。

确切地来说，上了年纪工作还觉得不错的人，是以个人方式工作的人。若是人类的国宝到了百岁还在发挥作用，谁也不会有半句怨言。因为把物体当作对象，不会给别人带来麻烦。

如果想要一生都工作，只能是考虑那种工作，或者是掌握一门手艺。我的母亲活到九十岁还在行医。

我曾想过，这太危险了。但实际上，母亲因为上了年纪，与其说是行医，莫如说把熟人患者当作说话对象，治疗心灵有创伤的人罢了。母亲做的是近乎福利事业的工作。

当然不管有多么高明的技术，作为开私人医

院的医生，年纪大了也必须退休。在母亲七十岁的时候我就想着该让她退休了。只是有个一起的女医生在场，我不至于太过担心罢了。即使那样，我还是认为太危险，必须让母亲退休。

“令堂上了年纪，还精气神十足行医，了不得呀。”经常有人对我说。每次我都答复道：“因为有健康的患者。”

母亲果真活到九十岁都在与患者打交道。但是，因为患者都是上了年纪的人，所以不用采取治疗行为，只是说说话，是医疗咨询那种形式。因为是私人医院才可以，若是在大医院，医生年过九十还满不在乎地出现在手术现场，那确实是给周围人添乱了。

不即不离最好

即使没有焦虑的老年人，没有宅间守那么极端，但是忧郁的人还是大有人在。东大也有这样的人，与这样的人打交道还是不即不离为宜。

交往过于认真而卷入对方的世界就不好了，会造成对方对自己的依赖；也不能认为对方游离在众人之外而抱有同情之心。

另一方面，若是完全抛开视而不见也会产生自暴自弃心理，产生距离感会很难交往下去。那种人往往很任性，总是扩张自己的阵地。很难把握上述这种心理，以及跟他们交往中恰到好处的最佳限度。

那种时候，人们经常用多米诺理论[14]考虑事情。也就是，对于难应付的人，自己都让步到这般田地，

14. 连锁反应，美国的战略理论，所谓一个地区共产化将会连锁反应使紧邻地也共产化，导致美国自身危机的观点，并以此为背景作为越南战争的正当性理由。

对方可能还是得理不饶人得寸进尺，那就是连锁反应了。所以认为凡事不得不采取强硬姿态。

但是，如果长时间相处之后就会明白，大体上即使难应付的人也不会任性地把自己逼到走投无路，慢慢就会了解对方的节奏与脾气。即使你正疾言厉色地逼迫，让对方发誓不做过分的事，也没有什么实际意义。因为你不能从根本上改变那个人的秉性。如果太较真与对方纠缠，自己的人生怕也得全部搭进去。

最重要的是，怎样才能不受伤害。就我个人经验来说，不能虚情假意在表面上装亲切。

不能多一点，也不能少一点

我基本上不回复匿名信件。既不写回复，也不读奇怪的信件。因为，那种信件有时会写着很个人化的东西。

法国哲学家阿兰[15]写过:“我自己从来不读占卜文，因为一读就信。”口上说不信占卜的人，大体上总会多少有所在意。怎样做才能不受影响呢?不读、不听即可。

与此相同，匿名信上写的很个人的东西，如果我认真读了，反而会受其影响。如此一来，即使想无视，但心里总会有所介意。这样便会妨碍工作的进展。所以，我写的书，如果有什么地方错了，或是有什么地方不合您意了，您大可涂掉。

如果没有那种立场，言论自由便不能成立。我是公开写的书，别人只有在公开反驳的基础上，我才能公开回复。所以，对于公开发表的言论用隐私信件方式回复，我总觉得怪怪的。

基于经验，我们知道，如果你写一次回复，对方绝对不会写“我懂了，原来如此”来了事。以前，有个给我送“神存在的科学证明”那样的宣传册

15. 阿兰：1868年—1951年，法国哲学家、伦理学家。本名埃米尔·奥古斯特·沙尔捷。著有《艺术论集》《幸福论》和《我的思想历程》等。

的人，我一不小心回复道：“什么被科学证明的神根本没有意义。”这样的东西原本不痛不痒，应该不予理睬。

结果，对方竟然给我送来足足有之前四倍大的宣传册。我意识到不能再回复了，便再也没回复。因为那样有可能成为一种积极的反馈。积极反馈就是，我做一件事对方予以更大回馈，而我必须进行更大的回馈，对方也会进行比我更大的回馈，回馈就像滚雪球一样越滚越大。这种情况下的积极并不是什么好事。

大体上从信件的厚度我就能判断是不是奇怪的信件。我知道，与我毫无交情的人不可能给我写那么一封厚厚的信。如果是一封薄薄的信，即使想不起寄信人的名字也会知道是有什么重要事件。（即便这样，薄信也请免回吧）

有时，接到一通奇怪的电话，那一天做什么事都打不起精神。看起来，年轻时候的我有点神经质。

我认为，是 NHK 促使我养成了一有什么事就打电话抗议这种坏毛病。他们倡议："如有要事请随时来电。"NHK 有足够的闲散人员来应对投诉处理，但我个人实在没那么多的精力去应对那么多投诉。

有时候我在电视上说"解剖很有趣"，便会接到"何为有趣"的电话。不管你是抱着多么平和的心态去处理事情，细细想来，总归是一种能量的无谓消耗而白白吃亏。引发本来不是问题的问题，即便最后平息了事情，也没什么意义。

拜 NHK 所赐，我习惯了应对投诉。我自己想到的最佳答案是，死尸也只能跟活人一样去处理。不能多一点，不能少一点，只能跟患者一样去对待。

保持原则

自从有了把死尸跟活人一样对待那样的原则，我就什么投诉都应对得了了。没有原则就不是专家。关于死尸，我冥思苦想，终于得出了结论：死人也是人。否则，就不得不认真应对一团糟的局面。但是，面对一团糟的局面，解剖是无论如何也做不来的。

我认定，死者跟外科患者一样。所以，对死者的应对与对死者家人的应对都是一样的。拥有以上原则，关于其他的事，得出结论也会水到渠成。

如果把死去的人看成与活人不同的很特别的东西，就不知该干什么，也不知从何着手了。得出结论，我会反省为什么过去没能明白那么简单的道理。

总而言之，拥有原则很重要。这不仅仅是关于投诉事件的应对问题。

如果你有个让人头疼的亲戚，经常向你借钱，你该如何应对？在那种场合下，你自己必须要有自己的具体原则。比如，总额只能限定在一百万日元。关键是，你自己的决心不能动摇。原则一旦决定就不能动摇。一旦超出限度，你就应该说：

“我只能借给你一百万，不能再借了。”果断拒绝，也就是以“一分都不能再借了”了事。

要实际执行不即不离，必须要制定自己的原则。当然，如果你不够坚定也不行。坚定也就相当于保持原则。那实际上是一种道德，在工作中就是职业道德。

没有职业操守的人

又一次，我接到命令拍摄解剖过程，之后摄影师过来取材。拍摄完毕，摄影师问我，能否把拍摄的照片公开发表。

我反问：“如果死者家属有所不满，该如何应对？”他说：“回到公司再做定夺。”所以，我提醒他，作为靠摄像机吃饭的人，拍摄的照片在哪里以怎样的方式发表那样的原则他心里一定要有数。没有那样的原则，就不能成为专家。他回答：“关于拍摄的照片是否要发表，一定要和大家商量决定了才是专家吗？”

最终，那些照片没有发表。因为，如果不能平心静气根本成不了专业摄影师。

我估计，他最后向我提出的要求是，只要有人背后支持就“可以发表”。我认为，他那样至少算不上是专业的摄影师。难道摄影专科学校不会教授那样的职业道德吗？

这种职业道德，在日本尤其不受重视。古往今来，日本人是默默恪守职业道德的。可能也会觉得某种职业道德是封建性的遗留，可是进入民主社会以来，那样的职业道德就没有得到传承。

所以，关于医生的职业道德，我们总会听到外行说三道四。那些说这种话的人本来就很奇怪。医师会本来是医学界人士自己决定职业道德的场所，本应该医学界人士齐聚一堂，决定身为医生不可这样做。但是，医师会并没有触及那些事。器官移植的是与非本也应该由医师会决定的。

如果说道德是行动的准则，那么职业道德也

应该是一种指南。

我说，死人跟活人一样的时候，医学部首脑中有人为此大动肝火就好了。当然，关于此事没有真正思考过的人会无动于衷。总之，坚守原则、坚守职业道德很重要。

玖．体制的问题

不读文字根本就是一件不可能发生的事情

最近，有说法说去文字化的倾向正在加剧。因此，为遏制这种倾向都到了着手制定"文字·活字文化振兴法"的地步。因为我也受邀制定了这部法律，所以对这件事还是有点了解的，但说实话，我对这部法律本身并不是很明白。而且我认为并没有起到原先想要达到的效果。

一直以来，人们认为读书可以提高大脑活性。当然在这里我并不是要否认读书有什么好处，但我不明白的是，大脑的活性化问题是否是那么简单的一提了之的事情。这种结论的得出，说白了还是根据标准的制定来看待的。在一方得到活性化的同时另一方没有得到活性化，这种可能性也是存在的。但是，这样的情况在普通条件下很难测试出来，因此也就被忽略掉了。

日本语，从根本上说，我认为还是以读为中

心的一种语言。从大脑的作用上来看这件事就很容易明白了。日本人的大脑拥有阅读假名和阅读汉字两种机能。在阅读的时候，相比其他大多数国家的人而言，调动了两倍的大脑。从小就注重培养“读写算”的说法，也是由此而来的。日本语并不像西方语一样，把重心放在如何与别人辩论上。

对日本人来说，比起原本就是从嘴里将语言讲出来，似乎更看重文字言语的重要性。所以文字文化从日本消失，我认为是不可能的事情。所以在这点上，大家不必太担心。

只要使用日语，就必须依托于文字。听到“くうこう”这个发音，指的是高空呢，还是日本航空的那个“航空”呢？还是口腔外科的那个口腔呢？如果不看文字，是根本弄不明白的。

在日本语里这样的同音异义语有很多，所以日语是一门以文字为前提的语言。没有文字，就难以互相开口的一门语言。

作为一名俄语翻译并且也是一名随笔作家的

米原万里，从日常的工作中体验出日语的特性。她的工作是读完日语把内容用俄语讲出来，以及读完俄语，再把内容用日语讲出来。比较这两种方向的翻译，前者（也就是读完日语讲俄语）根据她的计算，要快七八倍。恐怕我们很难知道她的大脑机能，但是从经验上来看，也应该明白了。因为日语是一门以阅读为前提的语言，所以一眼扫过去就读完了，用时很短也是理所当然的了。

也就是说，在阅读日本语的时候，使用的是适合日本语的大脑。相反，要把俄语翻译为日语的时候，要先读俄语，所以翻译起来就不是那么容易了。

从大脑的机能来考虑的话，日本人不读文字，这真是一种极其奇妙的现象。之所以说奇妙，是因为这根本就是一件不可能发生的事情。

网络和邮件上的文字文化

网络、手机上的短信息，人们花在这上面的时间爆发式增长，试着想一下就会发现，在网络上，也是以读为前提的，所以也是一种文字媒介。

有人说，那电视肯定不是文字媒介了。但是，近来电视的文字量是不可忽视的吧。最近，把说出来的话都进行字幕化，人们的大脑都浸在文字中了。

这样想的话，就会有一个疑问冒出：那吸收的文字量的总量（就是不同的文字总数）是不是一直在减少呢？当然，关于这个问题的调查数据到现在还没有出来，因此就倡导推进文字化，确实是没多大意义的。

因为日语的特殊性，是以阅读为中心的一门语言，从这点来说，文字使大脑活性化起来，好像并非没有道理。因为阅读日语，确实会调动很大部分的大脑来工作。

但是，那也就意味着网络也可以使大脑提高活性了。如果网络不行的话，那电子出版也不行了，它们都是一样的道理吧。如果这样的话，那就不是文字的问题，而是纸的问题了。

邮件、电话、网络这些东西到底使日语发生了怎样的变化？这个问题仍在调查中，这里也给不出个明确的答案。但是在之后的十年、二十年里，肯定会变得明确起来的。

我认为网络的影响确实是巨大的。我的女儿、秘书一有什么不明白的问题，立刻会求助于网络。因为频繁使用网络，所以不可能说网络没有带来任何影响。

对这种新的事物抱有极端的过敏反应，认为它们会对日本文化造成破坏，这类想法确实很短视。网络和邮件对哪个国家的文化来讲都是新的东西吧，即使美国人也是刚开始接触网络和邮件的。

我并不是彻头彻尾地否定它，只是认为应该思考一下对日本文化造成了怎样的影响。这样一来的话，问题又跑到必须思考一下原本的日本文化到底是什么上来了。就会出现日本文化包含漫画的文化吗，电视的出现又造成什么影响等这样一些问题。

而且接下来又会必须去把握了解这样一些问题：日本人的生活、思维方式、感知方式这些东西最后都变得怎样了等等。但是，在网络出现以前，关于这些问题的调查数据好像并没有遗留下来，所以我一直认为关于这类问题，实证性的数据是不足的。

电视的影响力

我在《傻瓜的围墙》这本书中也曾提及，由NHK进行研究的一项课题：电视对孩子们造成的影响，在那种意义上讲是很重要的。这么一般化的电视，在这之前却没有关于它的研究，这件事说来就已经很让人难以置信了。

电视进入人们的生活已经有五十年了。说起它对人们生活的影响，经常就会想到恶俗节目很坏，暴力节目也很坏。但是，没有什么实证性的数据，也没有一项基础性的研究。这样就说这个不好，那个不好，这种结论的得出说到底也不过是一种印象性的批判罢了，完全不是实证性的。

那么，对这件事进行实证性调查的话，又会发现什么呢？会立刻发现要做这样一项研究，首先需要投入大量的资金和时间，是很费力的一项调查。

因为这是关乎社会体制的一项研究。要认真研究一种体制的话，原本就是一件很难的事。要系统地取得相关数据，影响要素实在是太多了。就算是去调查，对于有小孩的家庭，要问清楚他们在什么时间看了什么节目，而且必须问清楚其他的一些生活习惯，还必须长时间地对同一个小孩进行调查研究。

一般大家还认为进行这样一项研究，花了那么多财力和时间，没有得出结论的话，那肯定是不起任何作用的调查。例如在NHK做调查的时候，就出现了这样的意见：长时间看电视的小孩和不看电视的小孩之间，统计上如果没有有意义的差别结果出现的话，是不行的。

议论的时候恰巧我也在场，我说："确实应该是那样，但是，还有更重要的一点。那就是，即使对这个现象投入了那么多的财力和时间，但是最后可能得不出任何具有成效性的结论，大家要有这种心理准备是非常重要的。"

例如在调查关于暴力节目的是非问题上，脑子里已经有一个前提存在了，那就是结膜炎和孩子们的行为之间肯定有什么因果上的联系。但是，如果已经有了这样一种前提的话，大体上，结论也会偏向会有坏影响那方面，根本不会得出看暴力节目的小孩只是因为有太多力气需要发泄出来这样的结论吧。

最后，要强调的还是，不管是哪一种结论，在调查研究之后，可能也不会有任何实质性的结论，明白这点，对看待一个事物是非常重要的。在体制中，并不是所有问题都可以用因果论这样简单的原理来下结论的。"不是很明白呢"，如果能明白这一点，就很好了。

混沌理论

或许你会认为我讲的是什么啊，乱七八糟，狗屁不通的。但是在科学理论的世界里确实有一种理论是跟上面的思维相通的，那就是“混沌理论[16]”。混沌理论曾在《复杂系》一书中有过介绍且名噪一时，相信有很多人都听过。

混沌理论也就是这样的一种思维：以天气为例，根据研究的不断推进，很多东西都可以用数学公式来进行说明，所以天气预报也是可以的。

在这个物理公式中有定数，简单来说，例如，明天的气温 =（今天的气温 ×A）+（今天的气压 ×B）+（今天风的强度 ×C），这样的一个公式（实际上的公式比这个复杂多了）这个时候 A、B、C 就是定数，已经测算出的具体的数值，因此要知道明天的天气只需带入今天的气温、气压等数据进行测算就可以了。

16. 混沌理论是一种兼具质性思考与量化分析的方法，用以探讨动态系统中无法用单一的数据关系，而必须用整体、连续的数据关系才能加以解释及预测之行为。

知道今天的数据，带入测算就可以预测明日的天气。天气说白了也只是一种物理现象，所以从理论上来讲，完全可以用这样的公式来进行测算。

但是，如果确实有这么一个方程式存在的话，你会发现其实事情也挺头疼的。例如，今天的气压是1083千帕，但是如果把数字更具体化一下的话，不是正好的1083千帕，而是1083.××，也就是小数点以后还有数字，令人头疼的地方也就在这里，小数点后的数字是否带入公式中计算，得到的结论是不同的，放在天气上说也就是晴天跟风暴的差别。

也就是说，小数点以后的数字是舍弃不计还是带入计算，得出来的答案是正好相反的结果。不管哪一种，答案是能得出来，但是那样又有什么用呢？

气压值小数点后面的那一点点的数值根据计算的情况不同也是在发生变化的。那么最终，出现的数字并不是完全正确的，必须从某处把这些数字断开。如果我们从理论上来思考，也可以说这是现实世界的矛盾的一种表现。比起头脑中想的，现实世界是一个更为复杂的东西。

所以，从理论上讲公式是完全正确的，但是在现实生活里却完全不能用，不能进行推测。明白有这样一种理论体系的存在，恐怕也正是混沌理论最重要的一点。

不规则碎片理论

跟上面的理论很相像的，数学世界中的“不规则碎片理论”也可以说明这个道理。即使实际的自然是很难理解的东西，但是数学总是可以给出一个合理的答案。或许大家都这么想，但是并不是这样的。

有一位数学家，蔓德鲁布朗，他被指派了这样一个任务，就是去测量西班牙跟葡萄牙之间国境线的长度，但是最后他给出的答案是无法测量这个长度。大家或许会认为那个长度应该能测量啊。但是实际上，西班牙所度量的长度跟葡萄牙所谓的长度是不一样的两个东西。为什么会有这样的事呢？如果用最简单的方式回答，那就是标准不同，得出的答案就会不同。

西班牙的国土面积大，葡萄牙的国土面积小，在测量两国的国境线的时候，都会使用本国的地图，然后在上面重置一条线测量地图上国境线处的长度。

因为西班牙的国境线部分在地图上细致的凹凸没有描画出来，所以用来测量的与之重合的线条就会比葡萄牙的还短。因为凹凸就像弯曲的道路，所以越少凹凸，那根线也就越短。

假定在《圣经》中进行测定，也会有同样的问题出现。用一米来作为标准还是用十米来作为标准，最后得到的结果也是不一样的。那么要说作为标准的单位跟测量之后最终的结果之间有什么关系，也就是说测量的单位越小，最后测得的结果就越长。

于是，就会发现这到底不过是理论上的话，但是标准越小，测量的长度会越长。极端一点说的话，就是本来应该是一米长的东西，疏忽一点的话最后就有可能得出三米长或者四米长的结论来。只不过，这个标准上的差异，所造成的最后结果上的误差，在数学上是都明白的东西。

这里要注意的是，我们原本认为很清楚明白的事情，实际上会根据标准的不同，而发生变化。

结论完全是根据标准得出的

这种思维方式的复杂性跟相应的问题在数学界中是同时登场的。至今为止，那些被认为具有科学性、严密性的正确长度是存在的。科学家们和数学家们却说，根本不可能存在那样的数值。这也真是一件有趣的事。

说到底其实也就是最后的结论完全是根据标准来定夺的，而最重要的也就变成了使用哪一个标准来进行测算的问题了。

并不是说西班牙跟葡萄牙的国境线的长度不存在一个正确的数值，而是要测量这条国境线的长度这种行为，或许需要两国之间制定一个共同的可以互相接受的测量标准出来。但是，即使是这样，所得出来的数值也不一定就是绝对正确的。

这里拐弯抹角想要表达的是：学问，特别是

在科学的世界中，事物得以论述，是要以某一客观性的前提作为整个论述的基础，所有的数据理论都要在这个前提下进行，那么事物的客观真实性才会得以存在。但是总感觉现实不是这个样子的。就单单这么一个长度距离的问题，线的长度的问题，都不存在客观长度，就可以明白了吧，这也可以叫作“反客观主义”吧，混沌理论和不规则碎片理论都是如此。

世间的人们把科学性的结论用一句话定义出来，总是在某一处相信有正确答案的存在。优秀的科学家们已经断言这已经是落后时代的一种想法了。

话题再回到电视上来，社会问题也是同样的道理。看了暴力节目的孩子，就会受到不好的影响，如果再以这样一种简单的因果关系来论证的话，会变得更加困难起来。要论证单纯的是非问题，变得难起来。这里也并不是说，什么都不知道所以什么都可以有。

在花费了金钱对这个现象进行调查时，人们还想得到的是，能对看电视的时间跟电视节目的内容对小朋友的影响之间给出具有积极倾向的解答。但是实际上，光靠前面的那种研究并不一定能得出那样的结论。

把前面国境线的标准的例子套到电视这里来思考一下。例如暴力节目，这个概念的界定是在哪里。把暴力节目进行分类的话，有惩恶扬善的暴力，也有拳打脚踢的暴力，而且，再根据美国的界定跟日本的界定细细进行分类的话，结论肯定会发生变化的。

那么，对暴力节目，到底应该在哪里画一条线进行界定？即使界定后能得出一些结论，那么这些结论又能在何种程度上发挥它存在的意义呢？这也是一件难以弄明白的事情。只不过暂时能使调查的一方和有需要的一方情绪稳定下来而已，也只有这样的一种意义罢了。

在得出结论的过程中会有更多新发现

现在，在NHK的研究中，出现了这样一种意见："如果做这样一种研究的话，那就必须明白看多久的电视，那个小孩才会发生这样的一种转变，必须做工作去明白这样的问题吧。"大家可以看出提出这种意见的前提仍然是"本要那样来着，却变成这个样子了"的思维方式。

认为所有的东西里面都有一种因果关系的存在，并把这个作为认识事物的一个大前提。但是，我觉得说不定那样的东西就真的没有。

电视的暴力节目跟孩子之间的行为并没有直接的因果关系，或许会是这样的一种结论也说不定。但是，得出这种结论的话，会有人认为那么前面的研究不就白费了吗？但并不是这样的。

在这个过程中，我们或许会发现以前根本没

去预想过的更高一个次元的规则。我感觉人类就是在这样的过程中不断发明、发现新东西的。

或许，有可能理解发现一些更简单朴素的道理。比如发现看电视这种活动和别的事物之间的联系，或许会明白：不管是暴力节目还是教育节目，跟节目的内容无关，只是观看的时间长短对孩子会造成影响。

当然了，要求对某项研究得出相关结论，这本身也是一件没有办法的事情。就拿天气来说，如果说："根据采用的数字不同，结果会变成正好相反的，所以明天的天气是完全无法预测的。"就会有人站出来说："根据以往的经验也可以知道得差不多吧。"所以在现实中，不会说"今天降雨"，而是说降水概率会达到百分之××。

如果是对以后很长一段时间的预报，真是一种不太敢让人相信的话。尽管这样，也有要求说要预报接下来很长一段时间的天气情况，但是那样的结果您肯定也是知道的，大部分是不准确的。

客观、公正、中立，这些简直就是最大的欺骗

现在的社会，对我目前为止所论述的思维方式一直难以理解。因为大家都在黯然中把科学的客观性、一元性的现实这样一种想法作为前提来进行思考。

所以，我经常会对NHK做出批判。客观、公正、中立，这些简直就是最大的欺骗，我这么说的意义也就在于此，但是，总感觉没有被广泛接受。

前几天辞职的会长说了："养老先生不要再来NHK了。"我认为这不只是在说我的坏话。我在想前面这位对我有什么愤恨的地方吗？当然了那样的事是没有的。因为我也没有作为个人去跟NHK吵架的理由。

要捕捉体制中的因果关系是非常难的一件事情。例如，经常会说因为网络的原因，犯罪的

人增加了。网络作为犯罪的道具被使用肯定是有的，可以说没有网络的话，就不会有这类犯罪行为的产生。江户时代就没有这样的犯罪。但是，江户时代也有江户时代的犯罪，比起今天，被用刀杀死的人肯定多得多。

这就是体制麻烦的地方。但是科学技术所带来的错觉会让人觉得就连社会体制，也是可以用“那么做就会变成这样”式的所谓科学伦理解释得通的。于是，关于航天飞机和火箭的报道成了报纸的重点。其实这只是过去的梦。

到了现在这个时代，问题在于社会体制。就拿邮政这样的行政体系来说，我们在对此进行思考的时候，所谓的“那样做就会变成这样”式的思考方式，大概一半都必须要抛弃。

大概不论是混沌理论，还是分形理论，都是填补社会朝向某一方向前进时产生的漏洞而生的理论吧。

我以前认为什么都是可以用科学理论说明

的，但事情却全然不是这样，不是吗？社会起承转合运转得非常顺利，在这个前提下，科学是可以解释一切的。但总是有与事实不相符的事情，不是吗？就是说我发现了这个事情。

以更为一般的理论来说，就是“事情思路有条理这类的谎言不存在”。为什么呢？因为自然和人类社会不可能思路有条理。

思路有条理指的是秩序井然。但若从物理上来说，显然，仅这样的解释是不尽如人意的。即便在此处是秩序井然的，但是不一定适用于别处。非常单纯地来看，无秩序像这样增加就是“无秩序状态在扩大”。

关于秩序变井然了，无秩序搬到哪里去了的问题

无秩序状态的法则得到提倡是在十九世纪，但它的真正意思又为今人理解多少呢？大概百分之九十九都没有被理解吧。都市人常说混沌是障碍，快点整顿，这就是佐证。但是可能整顿了混沌，鸽子就横行霸道了，于是可能就产生了鸽子粪的公害。

秩序变井然了，无秩序搬到哪里去了？

以碍事这样单纯的理由封杀混沌，就会产生某些弊端。但是，这样主张的人恐怕想的是，以前没有这么多混沌，混沌增加这件事是不自然的。这么说的话，那以前人类也没有这样集中地住在一个地方，这样硬建城市才导致了混沌增加。

混沌只是随环境的变化而增加的。于是增加的混沌成为眼中钉后，又想重新导入秩序。这回

增加的就是鸽子了。

于是杀死鸽子可能会引发别的事，可能会产生大量的蟑螂。

这样说的话，就会产生这样的反对言论：那么混沌也好、鸽子也好都扔在那儿别管了。什么都不做的话，社会不就会变得了无生气了吗?

人人满意是不合理的

首先，混沌在不断增加，这个事实我们必须要承认，也要承认混沌碍事、危险、令人不愉快的现实，然后再去考虑如何控制混沌。这个时候，抹杀混沌这样的理论怕是行不通的。

这样的话反而可能陷入困境，人们可能会在一定程度上接纳无秩序状态，所以说社会一直是重视“自由”的。

经济学上开始经常指出对现实不起作用这种事。这也是理所当然的，在应对极为复杂的社会体系时，认为可以引入学问上的易懂理论进行预测是错误的。至少经济学给我们证明了这样的事。您也就明白这和关于NHK调查的叙述是相同的了吧？

这里不是说经济学研究没有意义，事实好像

是拼命做出来的研究成果终究还是解决不了实际问题，但是，毕竟是明了很多经济理论，从这点来说，也并不是完全没有意义的研究。

实际上，不管创建怎样的社会，在某种意义上都会有被挤出的人。江户时代也有木枯纹次郎那样无视法律的人，就是说不可能是所有人都赚到。

满赚是指全员都百分之百满意。大家都想，如果实现了头脑中想的好事，社会就会朝向好的方向发展。因为必须讨好提议者，所以表面上大家都赞成了。

但是，大家必须先认识到：这也绝不是用普通方法可以解决的。是叫一元论吗？很多人认为只要严格贯彻某种原则，这就是变好的方法。但要说到摩西十诫大家还在遵守吗？已经有几千年没有遵守了。就连虔诚的基督徒都没有遵守。就是说那只是轻易实现不了的理想而已，这点是明了的了。

拾 . 认真的问题

被误解吃亏吗

并非什么国语考试，周围却一直会有“笔者想表达什么”这样的问题。这样的问题问出来，经常被认为很奇怪，继而成为讨论的话题。看到答案选项的笔者都会发这样的牢骚，说“不理解正确答案”“其实我没想表达这种意思”。

这件事的奇怪之处就在于要求提供“笔者想表达的是什么”的正确答案。这就如同入学考试的教育，一直在灌输我们——问题的正确答案只有一种，你没有任何“误解的自由”一样。但是，所谓“误解的自由”是存在的。

关于以前我写过的《唯脑论》一书，主张“大脑才是全部”。很多人都误解了这一主张。实际上，我要表述的是世界上存在许多除用大脑感知以外的东西。《傻瓜的围墙》等书上也写了很多，说明意识并非世界的全部。

这是常被误解的，也因此才感受到“傻瓜的壁垒”这种东西的存在。但是对于这样的误解，我已经不再一一去计较、生气了。

一般来说，被误解了就生气的人持有这种想法，他们觉得被误解了，吃亏的是自己。但是我却认为被误解吃亏的实际是对方。

例如，假设在《唯脑论》中，有人误解了我的话，我认为因此而吃亏的是那个人。当然通过做出奇怪的解释，也不是没有可能歪打正着而受益的，这是对方的自由。不这样想言论就不完全成立了。

只是，我一直在说，莫名地误解，吃亏的是误解的一方。再严格一点说，就是因为误解，导致远离了真实。当然前提是假定我说的是事实。

被误解才是常态

以前，NHK在决定制作“脑与心”这一系列电视节目之前，创建了咨询委员会。我也是其中一员。委员会创设的目的是：“想要制作一期科学对待大脑的节目，对此想征询各位老师的意见。”

在那次集会上，一位成员事先说定：“虽说科学对待大脑，但由于这是极易招致误解的问题，制作起来请一定要注意。”别的委员也有同意这一看法的。

我当时说：“虽然您讲的是误解，但我和妻子在一起生活二十年了，我还总不能明白她在想什么。所以，人们误解也是难免的，请制作即使误解也无所谓的节目。”当然，NHK也会充分考虑制作的，所以这样不就挺好的吗？

误解是个人的自由，强行阻止是做不到的。

所以，只有这边尽量好好制作了，这样的话，因为误解，对方吃亏的概率就变高了。

我方知道到达目的地的路，明明告诉对方了，却有人搞错了左右。所以吃亏的便是对方。因为对方迷路了，能把这个误解耐心解开的就是好心人了。我认为我自己不是什么好心人。

迷路到完全无法对自己的生活方式定位，然后在这种状态下思考自己接下来要何去何从，这就是真正意义上的思考了。这样情况的人也是有的。若没有误解、受挫这种事，人类会感受不到物质的存在，这种情况也是完全存在的。所以，这样考虑的话，我还是认为过于亲切地一点一点手把手指导，并非好事。

我曾经接到过精神科一学会会长的冗长训斥电话，同样是个有关误解的问题，是对我在某处发言的抗议。电话里说："你采用那样的说话方式，患者会误解的，你说的和我们一直说的完全相反。"对此我答道："医生向患者说明自己这方是正确的就可以了，不是吗？”

那位会长想说的是，患者相信他们那方的说法，我们这一方所做的努力就是徒劳的。但前提是，比起主治医生来，患者相信电视上的人所说的是正确的。或者，只要主治医生说，错的是养老孟司那边就好了。我不认为是我这边的错。

结果，对方是想说，为什么把那样的闲事推到我身上呢？

必须要直抒自己认为正确的东西

人一旦自己被误解，就容易产生生气之类的最直接的生理反应。但是，生气之前，应该这样想，世间可能就是这样看待我的。那可能才是事实，必须要意识到这点。即使你认为只有自己没有那样想，而事实是大家可能都没有那样想。

正因为容易产生这样的误解，才事先形成公共的规则。“本色”指的就是这个规则。男人本色、女人本色、王族风范等，都是所谓的“自知之明”。先有这样的思想准备就不会产生误解。反过来说，特定本色的人只能在这个范围内行动。做到有自知之明的话，作为社会人就可以顺利地完成一些事。

现在“有自知之明”这一词组本身已经变成死语了，因为这样的本色正在迅速消失。“殿下”也没有了，“男人有男人味，女人有女人味”的说法也陈旧了。

我写书后不久，觉得要按自己的伦理原则生活的话，必须要放弃继续做公务员。写点什么，就会引起这样的反应：东京大学的教授这样说话合适吗？例如，我写了不用英语写论文，于是立即引来了指导年轻人用英语写论文的教授的意见，说："东大教授说这样的话合适吗？这可真让人为难。"显然那个人完全没有理解我的真意。但在我这边完全没有道理去特意订正说，你这是对我的一种误解。

这样抱怨的教授可以先告诉学生说："养老孟司那个家伙真是奇怪。"这也无所谓。

但是，在日本社会，因为是东大教授说的，所以就是正确的。在有些地方这样的解释是行得通的。有时会有这样的事，自己把持着心中的某种原则写东西，继续写下去就会和世间相撞。头脑中不可能全都按照东大的原则进行下去，自由地写着写着，自然而然就发生这样的事了。

这里有两套思考方式，其中一种是，即便如此，考虑到贯彻自己的想法是一种言论的自由，而不去在意周围。

而更加稳妥的一种思维方式是回归“自我”。自己的发言在东大这个圈中成为问题。既然要做学问，就必须要直抒自己认为正确的东西。本身并没有想着自己要纠正社会，只是如果因为发言而产生不必要的摩擦，那就只能作为“自我”而写下去了。既然是作为“自我”而写下去，那么宪法保障思想、信教、表达自由，所以就不必顾忌别人了。我是这么认为的。

从大学辞职的其中一个理由便是这样的。

谁都可以改行

所谓的本职工作会因为这样一点小的契机而发生变化。所以我有写过，与其选择之前烦恼这儿烦恼那儿，不如先把眼前的漏洞填补上。

一般人可能都会认为大多数人都不知变通，一辈子只从事一个工作。现在就连政府官厅也两年一度进行人事变动，调换工作。

这也算是个小小的改行。这样想的话，您也就明白，选择工作之前，想东想西地考虑过多也是一种徒劳。进入了社会也是如此。就算是就职电机厂家，人事、会计、技术系，各个不同的工作内容也各不相同。在技术系中，也有冰箱和电子显微镜完全不同的东西存在。所以首先是要进入工作。

实际工作试试看，就明白这对自己有无用处了。

再进一步忠告大家的就是，应该做回归自我的工作。回归指的就是能学习。我很庆幸自己从事解剖尸体这样的工作，从而对工作真正树立起信心来。

被遇难者家属殴打

说起处理遇难者遗体这件事，还是相当麻烦的一项工作。不能被家属投诉，如果碰到纠纷，可能会引火上身，还有可能导致解剖不能顺利进行的情况。有过这么一件事：亲戚从乡下赶来抗议，说对兄弟被解剖这件事毫不知情，是在东京的媳妇和儿子擅作主张。

当然，法律规定上是和继承财产相同，媳妇和儿子有权利这样做。但这在乡下是行不通的。乡下的亲戚集合起来，全体手握包袱来抗议。应对这样的事很是麻烦，大家都感到很棘手。但我觉得必须自己亲自去应对。

为什么呢？因为尸体是最重要的竞争对象。对这个最重要的对象引起的问题若不能全部自己处理，那岂不是工作不成了。我是这样考虑的。这个工作拜托别人做，自己只做自己想做的地方的话，我认为这可不是在为自己着想。

因为是自己的判断，即使是和遇难者家属之间产生麻烦事，被殴打一顿，谁也不能够有怨言。结果，那些乡下的亲戚们赶来的时候我实际上已经被揍了，因此也可以把对方赶回去了。于是明白了我方这样做的话，对方就会乖乖回去的。

对方如果发发牢骚就解气的话也就好了。对于这样的事实，对方也是有面子的：我可是揍了东大的医生，也可以在乡下这样说了。这边也没受什么损失。因为解剖能有序进行，工作方面也得以顺利进展。事情圆满解决，也省了同意捐献遗体的遇难者家属们的不少事。

当然，被抗议的时候事先可没有这样一一考

虑明白。但是如果我方认真做的话，事情自然还是会朝向最好的解决办法而去。

应该认真做的时候，逃避是最行不通的方法了。对待麻烦事情就应该直面。

不要逃离麻烦事

这对年轻人来说可能很难理解，他们可能会认为深得要领不是就很好了吗？但是，我看到了从大学里逃出来的那些人的未来。

我有一位从学院纷争的善后工作中逃脱后成为公职人员的后辈，他后来又因为一个别的问题被追究到责任。这是否缘于当时的逃脱，其中的因果关系当然无法证明。但是，如果那个时候不逃，不就不会变成那样了吗？说不定非但不会作为问题的责任人被追究，反而会成为预防问题的功臣也说不定。

在更小的事情上有直面迎击的经验就好了，我还有几个这样想的场合。但是因为当时逃脱了，所以不值得大家学习。

我曾经面向一般大众展示过尸体，通过生物

塑化技术这种特殊技术，遗体得以长时间保存。向大众公开，这在世界上还是首次。做这件事，我也有这样的精神准备：若是惹上麻烦了，自己一定要先出去应对。

然后，也有自信觉得没问题。为什么呢？因为觉得关于尸体没有比我考虑得更多的家伙了。假定有人来抗议："展示尸体不是谨慎的做法。"我也可以口齿伶俐地反驳回去。

我想立即反驳："虽然你这样说……"

也就是，这种时候面临的抗议理论，在此之前我也在自己的头脑中充分考虑过。这样的事我自己全部不弄虚作假，而是理性地整理好，所以能够反驳回去。

不是展示会，就是关于解剖也有过流浪者前来抗议，他们的理由是："你们擅自使用的是我们这样的人的尸体吧？"我说这是误解，一板一眼地说明来由让他们自愿回去。

如前所述，只要我方有原则，事情就不困难。

展示会的时候，一开始我就说，发生纠缠的时候叫我。我向手下的人事先这样说好，他们也就可以安心了。所以我参与的解剖，一次也没有发生过纠纷。当然也有可能是单纯的运气好，但那之后这个展示会在世界各地举办的时候却发生了不少纠纷。

有人说不想看尸体，这是他们的自由。但是说不想看和认为展示尸体是荒唐的，这两者完全是不同次元的事。因为人都会死，一般这样说的人，他们不能接受自己死的时候变成这样，而不接纳自己的人是没有说三道四的所谓权利的。

试着做些琐事

抗议对方那样的工作，因人而异，可能被称为琐事吧。把那想成是琐事，是因为其中有着自己按照自己而来的思路。但是有自己的思路既好又不好。

先试着做些琐事是好的。我建议年轻的时候要试着做各种事情，但是却不能将其视为琐事而半途而废，那样是没有效果的。

就是关于选择工作本身也是这样的，不能抱着失败了也无所谓的想法去工作。失败了而去选择自己不喜欢的工作，那么，原本不想做的事，不强化动机应该是做不了的。

若是被自己的思路固定住就吃亏了。大多数时候都是，比起他人对自己的意见，自己对自己的意见要不重要得多。对于这样的事，你若变得体悟深刻起来，那这就是你还年轻的证据。这种时候认为没有自己也是可以的，认为“我就是别人说的那样”就可以了。

在被工作紧追的时候我也没有余暇去主张什么自我，主张自我的时候也仅限于在面对电脑回答网友们问题的时候而已，之后就像搭上传送带一样，不用思考就自然被推向前方了，像卓别林的电影《摩登时代》中的流水线一样自动运作。所以也就不再有什么问题了。

当然我也经历过随波逐流的时候，但这又变成了我考虑别的事情的契机。事情变成这样也是我的一个目标。

并非我自己有意识地移动，不被拖出去就不可能经历，这样的事情也确实存在。因为明白这一点，所以就决定按照别人所说的去做。这样强出头说不定还会交好运呢。

从一开始就要理清自己的思路，拘泥于自己的喜好选择工作的话，机会就减少了。这样的安闲根据情况不同可能会被认为是不认真、轻率，但若不能做到在一定程度上轻松工作，人家是不会用我的。

年轻的时候我也是脑子里光有想法，当彻悟到这一点的时候已经是中年以后了。

最起作用的是在解剖上做的各种事。不仅是从事解剖本身，还有一定程度上的管理职位的工作。我认为自己因此得到了培养。不管事情是顺利进展，还是引起纠纷，我都是自己承担责任。继续从事下去，自然而然就变成大人了。

解剖尸体的时候，我是助教授。当时的教授说过："这不是助教的工作。"确实，若是交给别人去做，当时自己就轻松了。但我认为这并不是为自己着想。

所以即使被说成"不是助教的工作"，我也只觉得聒噪。当然实际上并没有将聒噪说出口，只是在心里嘀咕："这是我的工作。"

想来，当时是我第一次脱离老师，根据自己的判断行动，然后我第一次觉得自己长成大人了。

后记

写这样一本书，近似在人前裸露自己了。因为不知不觉就吐露出真心话了。

一开始自己写文章，只是随性表达一些自己的看法，也还有可掩饰自己内心的余地。但若以话语为基础，就和写文章不同，会流露出感情，也就是真心话。

我也明白现在的年轻人一味使用手机发短信。因为本来话语末端流露的微妙感情就容易被人敏感地理解，不是吗？与此相对，产生怎样的反应，如今却不能很好地读懂，所以也感到很恐怖。和以前不同，因为现在不全是了解脾性的人，如此发短信不是更安全吗？对方也不能迅速反应过来。当然是这么一回事了。对方在眼前和不在眼前，不是一回事。

这本书也参考了新潮社的后藤裕二和足立真穗之前说过的一些话。至此，这是自《傻瓜的围墙》的第三本。我自己也想，快适可而止吧。一部分内容和筑摩新书的《空无思想的发现》重复了。从一开始就是独立写的文章和参考了后藤老师后写的开头的文章，有兴趣的读者可以比较看看，可能会明白其中微妙的不同了。因为筑摩这边一开始就都是自己写的。

今天的日本社会，很显然存在问题。可能是我老了的缘故，这样想也行。若不是那样的话，可能有着老年人对世间做出某种预言的意思。之所以出书就因为是这样想的。出什么问题了吗？我认为是对事物的思维方式、看法，总感觉这些东西有些奇怪。从这个意义上来说，从《傻瓜的围墙》《死亡的围墙》到这本书都是在用不同的例题叙述同一件事。

再怎么写书，思考的不是我，而是读者。我这个程度的思考也好歹延续到了近七十岁，是运气好还是时代好，这我不得而知。但我的想法是，若是能成为大家的参考就是我的荣幸了。有读者反馈说多亏了这两本小册子，“我”（指的是读者）才轻松起来、安下心来了。这样的人不断增多是我作为作者的本愿。

我现在考虑的事情是，除掉我喜欢的昆虫的话，大致就可以结束了。真言吐露至此，寥寥余生仅以收集昆虫为乐不也足够了吗？我这样任性地想着。

养老孟司